浙江省高等教育重点建设教材

产品设计
PRODUCT DESIGN

以用户为中心的设计方法及其应用
User-Centered Design Methodology and Application

李锋　吴永杭　熊文湖　编著

U0283289

中国建筑工业出版社

图书在版编目（CIP）数据

产品设计　以用户为中心的设计方法及其应用/李锋，吴永杭，熊文湖编著.—北京：中国建筑工业出版社，2013.6
（浙江省高等教育重点建设教材）
ISBN 978-7-112-15357-2

I.①产…　II.①李…②熊…③吴…　III.①产品设计　IV.① TB472

中国版本图书馆CIP数据核字（2013）第077485号

责任编辑：李晓陶
责任校对：王雪竹　刘梦然

浙江省高等教育重点建设教材
产品设计
以用户为中心的设计方法及其应用
李锋　吴永杭　熊文湖　编著
*
中国建筑工业出版社出版、发行（北京西郊百万庄）
各地新华书店、建筑书店经销
北京嘉泰利德公司制版
北京云浩印刷有限责任公司印刷
*
开本：787×1092毫米　1/16　印张：13¾　字数：330千字
2013 年 6 月第一版　2013 年 6 月第一次印刷
定价：48.00 元
ISBN 978-7-112-15357-2
　　　　　（23461）

前　言

一、本书的内容

美国一家生产牙膏的公司将牙膏开口扩大 1mm，从而获得了商业上成功的事件许多人都知道，这甚至已经成为用来说明成功的商业策划的一个经典案例。但是不知道他们有没有想过一个人一次刷牙需要多少牙膏量才是最合适的，使用过多的牙膏对健康不利。因而我们可以说，这种商业上的成功其实是公司及其产品对用户的愚弄和伤害，而没有将用户作为真正的中心来考虑。

事实上，以使用者为中心的思想自古就有，在现代设计产生之初，"设计的目的是人而不是产品"也成为包豪斯提出的三个基本观点之一。"只有当物按照人的方式同人发生关系时，我才在实践上按人的方式同物发生关系。"马克思更是从哲学的高度精辟地论述了人与物之间的关系（马克思《1844 年经济学哲学手稿》）。

以用户为中心的设计方法很好地体现了"以人为本"的设计思想，在我们进行产品设计时，必须将用户的特质、需求放在第一位，才能保证设计方向的正确性。然而，在早期的产品设计程序与方法中，我们过多地关注产品本身，在产品形态、功能、结构、材料、技术、生产过程等方面进行大量分析与调查，却忽视了对用户的关注，没能首先从用户的需求角度来考察产品，最多也只是将用户作为一个考虑因素，而不是聚焦的中心。随着时代的发展，消费者对产品的要求不断提高，传统的设计程序与方法逐渐不能适应当前的需要了。于是，"以用户为中心的产品设计"应运而生，它代表了目前产品设计的发展方向。

以用户为中心的设计最基本的思想就是将用户时刻放在所有问题的首位。在产品开发的最初阶段，产品的策略应当以满足用户的需求作为基本动机和最终目的；在后续的设计和开发过程中，对用户的研究和理解应当被作为各种决策的依据；同时，关于产品及其设计的各个阶段的评估信息也应当来源于用户的反馈。

在产品设计中贯彻以用户为中心的思想，要求我们在产品的设计中，一切以用户（或者更广泛的人类）作为设计着眼的基石、展开的依据和评价的尺度。当然，我们所说的以用户为中心的设计，也不是唯用户论，过于追随、迁就和盲从用户的设计，也是不可取的。汽车大王亨利·福特有句名言："如果我当年去问顾客他们想要什么，他们肯定会告诉我：'一匹更快的马'"。这说明用户的意见虽然重要，但是只问用户的意见不一定能做出突破性的新产品。有时候用户需要我们进行适当的引导，同时也需要我们挖掘出他们深层次的内在需求，从而更好地指导我们的设计。

目前，以用户为中心的设计理论发展非常迅速，其定义和所包含的内容也在发生着变化，涉及的学科领域众多，内容非常丰富。本书仅选取了与工业设计关系比较大、同时也是目前大家关注较多的一些内容。

本书首先对产品设计的概念及传统的产品设计程序与方法进行了简单的回顾，然后结合当前工业设计的发展趋势，引出以用户为中心的产品设计思想；接着详细讲述以用户为中心的设计的含义、用户研究的思想和方法以及以用户为中心的设计方法；然后对以用户为中心的设计方法的典型应用领域：产品交互设计、产品可用性研究与通用设计、产品体验设计这三个专题进行了较详细的阐述；最后，结合以用户为中心的厨房设计这个综合性实例，将书中的一些重要内容串联起来，使读者对整书的内容有更加系统和深入的认识。教材内容的组织适应不同层次、不同类型学生的教学要求。

二、本书的使用与教学安排

本书是针对高等院校工业设计专业教学编写的，适用于工业设计本科（包含独立学院）以及部分素质较好的高职、高专相关专业的教学。我们在书中提到的产品（即产品设计的对象），主要指有形的工业产品，同时也包括无形的计算机或电子系统的软件，以及与前两种产品的应用有关的服务。

在工业设计课程体系中，"产品设计"是最核心的专业课，但"产品设计"并不是单独的一门课程，往往有相关的多门课程，有关课程的名称各个学校的叫法不完全一样，这些课程是一个相互紧密联系、内容逐步深入的课程群。本教材较好地将课程内容的系统性和专题性结合起来，同时可以根据教学要求及学生素质的不同，进行不同层次的教学安排。就某个以用户为中心的设计方法的应用领域，可以在具体的产品设计课程中进行专题设计，也可以在后续的设计课程中作进一步的学习研究，进行更加完整和深入的设计。

　　本书的内容分为三个层次：第一层次——以用户为中心的产品设计概述是必修内容；第二层次——以用户为中心的设计方法在产品设计领域中的应用专题可以根据教学安排有选择性地进行讲授；第三层次——以用户为中心的产品设计实例的讲述可以起到梳理全书内容的作用，从而更好地将以用户为中心的设计理论和方法运用到实际设计中，这部分内容可以作了解性质的介绍，也可以结合设计课程进行深入探究。本书在内容的组织上适合进行探索式教学和案例教学，下图是本书的内容与结构。

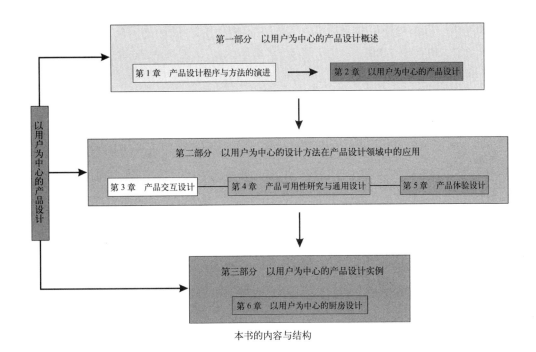

本书的内容与结构

三、本书的编写情况

本书由浙江理工大学（科技与艺术学院）的李锋、吴永杭、熊文湖、魏行帅等老师共同编写，其中李锋执笔第 1、3、4 章，熊文湖执笔第 2 章，胡贝和熊文湖共同执笔第 5 章，魏行帅执笔第 6 章，全书由李锋、吴永杭统稿。书中包含了作者在工业设计专业开展产品设计教学过程中的一些经验与尝试，抛砖引玉，供广大工业设计专业师生与相关设计人员参考。由于时间和水平所限，书中难免会有很多不足、不妥之处，恳请广大读者批评指正。

在本书的撰写过程中，得到了很多朋友、同事、同行和前辈的支持与指导。浙江传媒学院的吴丹老师为本书部分章节的撰写做了很多前期的工作；浙江理工大学科技与艺术学院的徐勋爵等同学为本书配图的创作和收集做了很多工作；本书的出版还得到了中国建筑工业出版社的大力支持，我们谨在此表示由衷的感谢。国内外很多前辈在产品设计的教学、研究和实践上做了大量的工作，本书也对他们的著作和作品作了一定的参考和引用，同时本书也引用了较多的网络图文资料，由于时间仓促，没有及时与作者取得联系，万望海涵，在此深表谢意，如有不妥之处，请与作者联系（E—mail：design@zstu.edu.cn）。

作者
2013 年 1 月

目　录

第三部分　以用户为中心的产品设计实例

第一部分

以用户为中心的产品设计概述

第1章 | 产品设计程序与方法的演进

本章首先介绍了产品和产品设计的概念，接着回顾了传统的产品设计的程序与方法，指出了其存在的局限性；然后结合当前工业设计的发展趋势，引出了以用户为中心的产品设计思想，并简要叙述了其产生的过程。

1.1 产品设计概述

1. 何谓产品

在讲述产品设计的内容之前，我们首先要了解什么是产品。关于什么是产品，不同的学科有着不同的定义，同时，随着时代的发展，"产品"一词的内涵和外延也在发生着变化。

产品（Product）是用来满足人们需求的物体或无形的载体。产品的概念，有狭义和广义之分。产品的狭义概念是指被生产出的物品；产品的广义概念是指可以满足人们需求的一切载体。在人们的印象中，产品往往被理解成有形的物品，而随着经济和社会的发展，现在的产品概念已经不再局限于此。软件早已成为一种产品逐渐被大家所接受，同时，服务也是一种产品，并且这种产品的比重正变得越来越大。

从经济学上讲，产品是指能够提供给市场，被人们使用和消费，并能满足人们某种需求的任何东西，包括有形的物品、无形的服务、组织、观念或它们的组合。而产品按其用途不同，可以分为生产资料和消费资料；按生产它们的物质生产部门的不同，又可以分为工业产品、农业产品、建筑业产品等。

本书是针对工业设计专业教学编写的，因而，我们在书中提到的产品（即产品设计的对象），主要指有形的工业产品，同时也包括无形的计算机或电子系统的软件，以及与前两种产品的应用有关的服务（图1—1～图1—4）。

2. 何谓产品设计

产品设计是工业设计的核心内容，广义的工业设计包含了产品设计以及由此产生的视觉传达设计和环境设计；而狭义的工业设计则主要就是指产品设计。

图 1-1 《Objectified》，一部从产品设计角度出发的工业设计纪录片　　图 1-2 苹果 iPhone5 智能手机

图 1-3 苹果 iOS6 操作系统　　　　　　　　　图 1-4 苹果 App Store 应用商店

工业设计是一门古老而年轻的学科，作为人类征服和改造自然的活动的延续和发展，它有着悠久的历史；而作为一门独立完整的现代学科，它经历了长期的酝酿和萌发，直到 20 世纪 20 年代包豪斯的产生才开始正式确立。

从现代工业设计概念的演变过程我们也可以看出人们对产品以及产品设计的认知脉络。

国际工业设计协会联合会（ICSID）在 1980 年巴黎年会上为工业设计下了一个定义：

"就批量生产的工业产品而言，凭借训练、技术知识、经验及视觉感受而赋予材料、结构、形态、色彩、表面加工及装饰以新的品质和资格，叫做工业设计。根据当时的具体情况，工业设计师应在上述工业产品全部侧面或其中几个方面进行工作，而且，当需要工业设计师对包装、宣传、展示、市场开发等问题的解决付出自己的技术知识和经验以及视觉评价能力时，这也属于工业设计的范畴。"

巴黎年会的定义拓宽了传统工业设计的内涵，体现了工业设计开始渗透到与产品设计相关的包装、宣传等领域的趋势，但仍然把产品设计作为工业设计的核心。

二十多年过去了，原有的工业设计定义已经越来越不能涵盖当前的发展现状了。2006 年国际工业设计联合会更新了对工业设计的定义：

目的：

设计是一种创造性的活动，其目的是综合考虑并提高物品、过程、服务以及它们在整个生命周期中构成的系统的品质。因此，设计既是创新技术人性化的重要因素，也是经济文化交流的关键因素。

任务：

设计致力于发现和评估与下列项目在结构、组织、功能、表现和经济上的关系：

- 增强全球可持续发展和环境保护（全球道德规范）；
- 赋予整个人类社会、个人、集体、最终用户、制造者和市场经营者以利益和自由（社会道德规范）；
- 在世界全球化的进程中支持文化的多样性（文化道德规范）；
- 赋予产品、服务和系统以表现性的形式（语义学）并与它们的内涵相协调（美学）。

设计关注于由工业化所衍生的工具、组织和逻辑创造出来的产品、服务和系统。也就是说设计是一种包含了产品、服务、平面、室内和建筑在内的各项活动，这些活动和其他相关专业协调配合，进一步提高生命的价值。

从前后两个概念的变化，我们可以看出人们对工业设计的理解有了很大的进步，其涉及的领域扩展了，承担的社会责任也相应地增多了。同时在新的概念中，对设计的对象——产品的理解也发生了很大的变化，不再局限于工业产品，而是延伸到了服务和系统，这与我们前面关于产品概念的理解是一致的。

产品设计是人类为了自身的生存与发展，在利用自然、改造自然的过程中发展起来的，以工具为主要对象的设计活动，是追求物品的功能与价值的重要领域，是人与自然的重要媒介。当然，随着社会和科技的发展，产品已经不再仅仅是人与自然的媒介，产品也成为人与人之间相处、沟通的重要媒介，因而，产品设计的范围也正发生着巨大的变化。

一位国外学者在《什么是产品设计》一书中曾经作了一段生动的描述："人类置身于大自然中，在逐渐脱离自然的过程中，产生了两种矛盾。第一种矛盾是人类不在乎自己是大自然的一分子，而勇敢地向大自然挑战；第二种矛盾则在于人类一个人孤单地出生，又一个人孤单地死去，却无法一个人独自生存。为了克服第一种矛盾，人类创造了工具；为了解决第二种矛盾，人类发明了语言。"

这段话对"产品设计"产生的根本原因进行了充分的阐述，事实上，人类正是通过创造出自我本体以外的产品，来征服自然、改造自然，并最终实现人与自然、人与人的和谐相处，并满足自己的需求的（图1-5、图1-6）。

图 1-5　设计师 Claudio Bellini 的作品 "Venice"，利用废旧木头所设计的家具

图 1-6　设计活动始终伴随着改造和创造

1.2　传统的产品设计程序与方法

工业设计的程序与方法是一个完整的概念，它们往往无法分离而单独存在。因为在一定的设计程序中使用特定的设计方法才能顺利完成该程序预定的目的。

传统的产品设计程序和方法，根据设计公司与设计对象的不同，会有一定的区别。设计的过程总的来说可以分成三个阶段：问题概念化、概念可视化和设计商品化。早期的设计程序分成具体的几个步骤，比如项目确定、资料收集与分析、方案构思、方案细化、效果图绘制、结构设计（设计工程化）、模型制作、样机生产及投产等步骤，各个阶段之间首尾相接，往往一项工作完成，另一项才可能开始，而且前期的设计和后期的生产以及最终用户的反馈常常脱节，一个产品设计项目是否成功只能到最终的生产阶段才能知道，这是典型的线性、串行的设计流程。

传统的产品设计程序一般又可以概括为以下五个阶段。

1. 提出设计问题，确定设计项目

人们生活工作中的各种需求、各种问题的发现是设计的动机和起点，企业针对这些需求及问题确定项目，展开设计。设计部门或者设计师接到一个委托的项目后，也就同时接受了一个需要解决的问题；要获得问题的答案，首先要了解问题的详细情况，包括需要设计的是什么产品、产品的目标定位如何、客户的设计期望是什么、为什么要这样等（图1-7）。

2. 调查、研究与分析

调查的内容包括社会调查、市场调查和产品调查三大部分，依据调查结果进行综合分析研究，得出相关结论。

在这个阶段设计师一般会尽可能全面、准确地掌握所有有关项目的资料。例如，社会经济环境和市场情况、目标消费者对产品的期望、企业竞争对手的相关资料、产品制作材料与生产工艺技术资料、产品未来的销售渠道等。之后，市场部门或设计师对收集的材料进行整理归纳，并进行深入的分析研究，从中寻求解决问题的线索（图1-8）。

3. 产品构思和设计展开

经过对前期所收集资料的分析研究，

图1-7　"头脑风暴（Brain Storm）"是提出设计问题的重要环节

图1-8　一个摩托车设计项目的前期调研

图 1-9 Artlebedev for Haier 热水器设计项目的设计构思和展开

设计师根据得到的线索进行设计方案的构思，从中寻找到设计思路，然后通过草图表现，进行思路的深化，并且发展出一些新的设计构想。经过此阶段，一般会产生几个不同思路的设计草案，接着设计师对这些草案进行初步筛选并进一步展开设计，完善和细化设计方案。在外观设计方案确定后，结构设计师接着进行结构和机构等工程化设计。这个阶段是产品设计师的核心工作阶段（图 1-9）。

4. 设计方案的评价与优化

产品设计的初步方案产生后，要组织人员进行评价，比较并选择出最佳的设计方案。方案评估的形式有多种，也可以分阶段进行，设计管理者、设计师团队、设计的委托者都需要参与，并提出一些修改调整的意见或建议。在方案评估时也需要制作设计报告、图表、文字说明、模型等来表达设计师的意图，具体、全面地介绍设计师的创意，供决策者评定。这个阶段有时也与上一个阶段穿插进行（图 1-10）。

5. 设计方案的确定与后期跟进

如果决策者认为所提供的方案已经很好地解决了最初提出的问题，达到了设定的要求，那么最终方案就此确定，设计阶段可基本结束。

一些产品设计项目，在设计完成后需要设计师继续跟进，确保准确体现设计师的设计意图（也被称为设计的贯彻），并针对所遇到的问题进行调整。同时，有时当产品投入市场后，设计师要配合客户进行跟踪，调查收集相关的反馈信息，找出设计方案的不足之处，同时可以发现

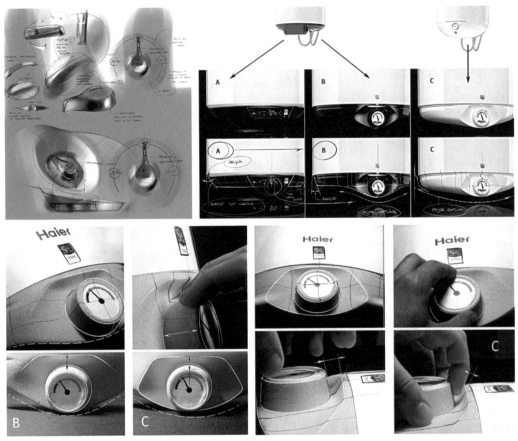

图 1-10　Artlebedev for Haier 热水器设计项目的方案推敲与优化

新的有价值的潜在需求动向，为下一步调整改良和开发新的产品作准备（图 1-11）。

　　随着现代设计的发展，这种线性和串行方式的弊端不断显露，设计界也对此进行了改进，现在在设计上更多地采用称为并行工程的设计方法，即在设计之初，就将企业生产、市场销售和设计联系起来，形成一个信息共享的平台。图 1-9～图 1-11 所示的海尔热水器设计项目已经较好地考虑了这些因素并关注了用户的需求，在此引用只是为了说明设计的几个阶段。

　　事实上，以用户为中心的设计流程和传统的设计流程，也并不是完全对立的，前者在具体设计过程中，也要经历后者的这些阶段，只不过是设计过程中所关注的焦点和用户参与的程度有所区别。

　　从某种意义上我们可以说，在早期的设计过程中，无论是串行方法，还是并行方法，在一定程度上始终都是面向产品的，是以"产品为中心"的。我们过多地关注产品本身，进行产品的形态、功能、结构、材料、技术、生产过程等的分析与调查，却往往忽视了对

图 1-11 Artlebedev for Haier 热水器设计项目方案的确定和后期跟进

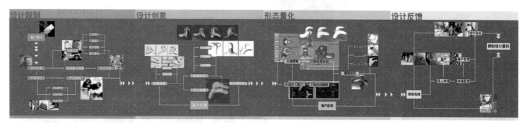

图 1-12 传统的工业设计流程图

用户的关注，没能首先从用户的需求角度来考察产品，最多也只是将用户作为一个考虑因素，而不是聚焦的中心。产品设计的程序是产品设计方法实施的过程，一般的产品设计方法，包括移植和替代设计、集约化设计、模块化设计、仿生设计等，但这些也都是以"产品为中心"的。可以说，早期的设计往往是以"物"为中心的，很多设计需求的产生是技术的推动和市场竞争的结果，在整个设计过程中，用户往往很少参与，游离于设计行为之外，成为一个"局外人"（图 1-12）。

1.3 以用户为中心的设计思想的产生

其实，以用户为中心的思想自古就有，在手工业时代，人们在制作工具、器物时都是从使用者的具体需求出发的，只是到了近代机器代替手工并实现批量生产后，人的因素被漠视了，这种情况也直接孕育了现代设计的萌芽。因而可以说，早期的产品设计在程序与方法上存在着一定的问题也是有客观原因的。由于近代社会生产力相对落后等原因，当时的生产者自然将重点放在了产品基本功能的实现和生产的效率上，而无法顾及使用者的使用体验。

有的研究者将社会生产的特点和对应的年代进行了阶段的划分，将 20 世纪 60 ～ 70 年代称为"生产主导"的时代, 20 世纪 70 ～ 90 年代是"市场主导"的时代，而 20 世纪 90 年代之后，则是"用户主导"的时代。

类似地，美国的 Deane Richardson 将不同时期的产品设计倾向进行了归纳：

1) 20 世纪 50 ~ 60 年代为"摸索"的时代，商品便宜就是好，设计并不重要；

2) 20 世纪 70 ~ 80 年代为经济的标准化，将使用者的爱好、差别统一起来，进行标准化设计；

3) 20 世纪 90 年代以后，重视使用者的个人"趣味"，产品设计出现个性化，成为更有情趣、更多样化的商品。

上述这三个阶段，其实就是对产品的使用者由漠视到逐渐重视的过程。这个过程，其实也是非常好理解的，美国的 Patrick Whitney 指出：在由批量生产（Mass production）时代转向柔性生产（Flexible production）时代时，在设计领域中脱离批量化将成为重要的研究课题。这就是说，随着经济和社会的发展，曾经以技术为主体的设计转向以技术为客体的设计，也就是以用户为主体的设计。

事实上，以用户为中心的思想在现代设计产生之初，就被提出来了。"设计的目的是人而不是产品"是包豪斯提出的三个基本观点之一。正如前文所述，现代设计的产生，本身就是因为早期工业化产品的粗劣和非人性化所引起的。但是在后续的发展中，由于经济和技术方面的原因，产品设计的发展在一定程度上背离了这个初衷（图 1—13）。

美国工业设计师协会给工业设计下的定义是：工业设计是一项专门的服务性工作，为使用者和生产者双方的利益而对产品和产品系列的外形、功能和使用价值进行优选。从这个定义中我们也可以看出，产品设计在本质上就必须考虑使用者的因素，它将生产者与使用者双方的需求具体化。

图 1-13　勒·柯布西耶和他所设计的躺椅

从设计哲学的视野来看，产品设计的实质是设计人自身的生存与发展方式，而不仅仅是设计产品本身，正确的设计思想应该是通过产品的设计体现出人的力量、人的本质和人的存在方式。这就表明，产品设计既要实现"产品的物化"，同时更要实现"产品的人化"。但是在很长的时间里，"产品的物化"获得了过多的重视，而"产品的人化"则被忽略了。

图1-14　我们习以为常的Qwerty键盘，字母的分布其实并不符合人机工程学的原则，在设计之初，这样的排布是为了避免机械干涉，只是现在大家已经习惯了，再也无法更改

人机工程学作为一个学科的形成也是源于对人性以及人与产品关系的关注，从以机器为中心到以人为中心思想的转变，标志着人机工程学的诞生。因而，人机工程学孕育着以用户为中心的设计思想。然而，在实际的产品设计中，人机工程学往往只作为一个被考虑的因素，而没有作为一个先决条件，也就是产品设计仍然以"产品"或者"设计过程"作为中心，而没有真正把"用户"放在第一位（图1-14）。

产品最初是人类在生产和生活中使用的工具。人类为了改造大自然、"对话"大自然，创造了很多工具，而从本质上来说，工具是人的器官的延伸，它使人的能力得以加强、延展或完善，人类通过这些工具，放大了自己的体力、能力与技巧，同时，这些工具也满足了人的多种需要。

产品设计就是在解决人与物的问题，这实际上是在解决人的需要问题，而人的这些"需要"，随着生产和社会的发展，也在不断地发生着变化。根据马斯洛的需求层次理论（Maslow's hierarchy of needs），人的需要按照层次分成五种，像阶梯一样从低到高，按层次逐级递升，分别为：生理需求、安全需求、情感和归属的需求、尊重的需求、自我实现的需求。一般来说，低层次的需要相对满足了，就会向高一层次发展，追求更高一层次的需要就会成为驱使行为的动力。

因而可以说，早期的大部分用户也不是要求很高、"多愁善感"，但随着低级需要不断被满足，新的需求也不断被解放，或者说人的"欲望"升级了，产品对人来说，从开始的单纯实现物理功能的器具逐渐变成日常使用的用具，并进一步演变成显示自己身份的道具，或者变成一种游戏的玩具。在这个过程中，人们对产品的要求从"有用"、"可用"、"适用"、"易用"，最后达到"好用"和"乐用"。

而从产品生命周期（PLC）的视角来看，一种新产品从开始进入市场后会经历导入、成长、成熟、衰退直到被市场淘汰的整个过程；对应地，人们一开始总是关心产品的基本功能，再逐渐转向先进功能和软功能（附加功能）（图1-15～图1-17）。

图 1-15　灯具已经不再仅仅是提供照明，它还能营造氛围，实现与人的交互，带来丰富的体验

图 1-16　新一代 Surface，增加了可选配的键盘，图 1-17　经过设计的纽扣除了可以扣住衣服，还是一个耳机线夹
拓展了功能

　　马斯洛的需要层次理论对产品设计有着重要的指导意义,我们常常说设计需要"以人为本"，这种对人的特定需要的恰到好处（不是过分满足,过犹不及）的满足就是以人为本，就是设计对人的尊重，就是一种以用户为中心的设计思想。

　　随着生产力的不断发展，如今可以说生产能力已经过剩了，从某种意义上来说，很多领域已经到了"只有想不到，没有做不到"的境界，在这种情况下，人的需要自然被摆在了第一位。因而，我们在进行某一产品设计时，必须针对人的特定需求来展开，以用户为中心进行产品设计。产品必须与用户的需求相匹配，才是有价值的，一套设计得非常完美的音响对一个聋人来说，毫无意义；一个没有解决温饱的人，对一个先进的功能齐备的娱乐产品，毫无兴趣。

以用户为中心的设计方法最基本的思想就是将用户时刻放在所有问题的首位。在产品开发的最初阶段，产品的策略应当以满足用户的需求作为基本动机和最终目的；在后续的设计和开发过程中，对用户的研究和理解应当被作为各种决策的依据；同时，关于产品及其设计的各个阶段的评估信息也应当来源于用户的反馈。

早期的产品设计程序与方法往往是以产品为中心、以设计师为主导来进行思考的，而产品设计中"以人为本"目标的实现需要以用户为中心来展开设计；在产品设计中贯彻以用户为中心的思想，则要求我们在产品的设计中，一切以用户（或者更广泛的人类）作为设计着眼的基石、展开的依据和评价的尺度（图1-18）。

图1-18 飞利浦非常重视以用户为中心的产品设计

第2章 | 以用户为中心的产品设计

以用户为中心的设计方法将对用户的关注放在第一位，设计师更多地考虑与用户进行"换位思考"，用全新的视角来看待设计对象和设计行为，从而也产生了全新的设计方法。本章详细讲述了以用户为中心的设计的概念、用户研究的思想和方法，以及常用的以用户为中心的设计方法。

2.1 以用户为中心的设计（UCD）概述

仔细留意生活将不难发现，日常生活中有很多难用的产品：看不懂的电子产品说明；容易误操作的电器操控面板；因为忘记取消手机闹铃，而不得不忍受周末清晨的噪声等。如此种种是因为我们的设计水平低而设计不出更好的产品吗？显然不是，这么多糟糕产品的出现只说明一个问题，就是长期以来作为产品最终使用者的"用户"常常被忽略，他们真实使用产品的体验、经验没有被足够重视（图2-1）。

图2-1 （左）平板电脑上尴尬的摄像头位置，当用户横向使用时将非常不方便；（中）平板电脑的音孔位置设置不当，导致双手握持时挡音，设置在正面上方两侧则方便许多；（右）苹果一体机设置在屏幕背面的电源按键，不容易被找到

在传统的产品设计程序与方法中，产品的所有创意、对使用环境的设想、对产品功能、操作的设定都来自于设计师的思想。设计师往往一厢情愿地构想产品如何被成功地使用，以及自己如何通过巧妙的设计来克服用户操作上的错误，但是，设计师永远不等同于用户，既是用户又是设计师的情况与体育比赛中既是运动员又是裁判的情况一样，一个人很难真正客观地用两个身份、两个视角来看待同一个问题（图2-2～图2-4）。

数字娱乐时代产品更加智能，更具有交互性，确实给我们带来不少便利，但同时也常常因为其"黑箱"化的设计带来很多可用性问题。基于上述原因，"以用户为中心的设计"概念被提出并受到越来越多的重视。以用户为中心的设计（User Centered Design，UCD）是20世纪80年

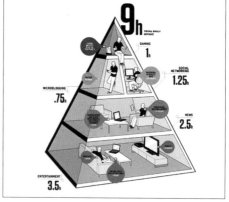

图2-2　数字娱乐时代我们的日常生活中充斥着各类数码产品，我们花在这些产品上的时间也越来越多

图2-3　时尚的数码产品

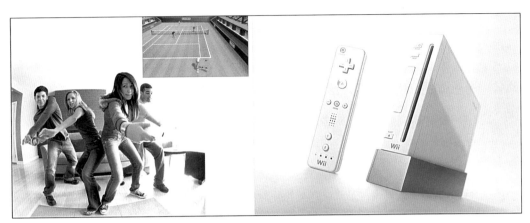

图 2-4 Wii 游戏手柄带来独特的游戏体验

代末兴起的一种产品开发的概念与方法。1986 年，Donald A.Norman 和 Stephen W.Draper 在《以用户为中心的系统设计：人机交互新视角》(User Centered System Design：New Perspectives on Human-computer Interaction) 中提出了"以用户为中心的设计"概念。后来 Norman 在 1988 年出版的《设计心理学》(The Design of Everyday Things) 中进行了更深层次的阐述。简单地说，以用户为中心的设计主张产品设计应将重点放在用户身上，使其能依照现有的认知习性，自然地接受产品，而不是强迫用户按照设计师设定的模式来使用产品。

以用户为中心的设计的定义：设计易于使用的产品和良好的用户体验。它能确保产品容易购买、容易设定、容易使用与容易升级；也能确保产品能够吸引人，而且是直觉化的、完整的。换种简单的说法，以用户为中心的设计就是设计人员在进行产品设计前，做好充分的用户需求分析、背景研究，在进行产品设计时，应从用户的使用需求和心理感受出发，站在用户的角度，围绕用户设计出适合用户习惯的产品，而不是让用户去适应产品，无论产品的使用流程、产品的信息架构、人机交互方式等，都需要考虑不同用户的使用情境、使用习惯、预期的交互方式、感官感受等方面。

产品设计中所强调的以用户为中心的设计方法是一个循环往复的过程，它包括用户需求分析（Analyze）、可用性设计（Design）、可用性测试与评估（Evaluate）、用户反馈（Feedback）四个相互关联的环节，这四个环节贯穿整个产品设计的始终，不断循环往复，螺旋式上升，形成完整的以用户为中心的设计过程（图 2-5）。

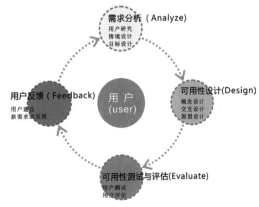

图 2-5 可用性设计的 ADEF 环

"以用户为中心的设计"更是一种设计哲学和设计方法论,交互设计、情感化设计、体验设计、通用设计、感性工学等都是以用户为中心的设计方法的具体实现形式。

2.2 用户研究的思想和方法

2.2.1 用户研究的意义、对象和原则

1. 用户研究的意义

以用户为中心的设计从理解用户开始,这就需要进行用户研究。用户研究的深度和质量关乎产品设计的成败,因为用户是最终产品的评判者,而不是设计师或者工程师,只有符合用户需求、提供良好体验的产品,才能被消费者接受,从而获得商业的成功。

有关用户研究的思想早在20世纪90年代初就被IDEO公司引入设计开发团队中。刚开始很多资深的设计师还不以为然,他们中很多人非常质疑这种"简单"的工作,认为仅凭开发团队的成员现场拍来的几张照片和录像就能了解用户是太轻松的工作了,但是在随后的设计实践中,IDEO的用户研究人员通过现场调查、用户角色和可用性分析等用户研究方法不断为设计团队挖掘出大量真实用户的潜在需求,提供了可靠的设计参照系统及各种定量定性分析支持,从而赢得了工程师、设计师的认同和尊重,并逐渐成为IDEO设计创新的主要动力之一(图2-6)。

而今用户研究的价值正在获得更多领域的认同。近年来,国外的IBM、Nokia、微软、苹果、Google、宝马、Sony,国内的华为、中兴、联想、腾讯、阿里巴巴等领军企业都建立了自己的用户研究团队,并已经充分显现出其价值。

那么用户研究到底能做什么?

目前,业界更多的是结合产品设计和开发流程来描述用户研究的,如图2-7所示。

用户研究随着产品开发周期不断迭代进行。以上这种解释,很好地描述了用户研究在产品设计和开发过程中的持续性和阶段性。然而,基于产品设计和开发的用户研究只是我们工作的一部分,更有效、更专业的用户研究,应该还可以为市场拓展、广告推广、营销策略甚至公司的品牌战略提供专业协助。也只有通过多方位、多角度的调研,我们才能更系统地了解用户的行为

图2-6 "IDEO的51张创意卡片",是由IDEO对以往所做过项目的一些经验方法进行总结概括而成的一套用于用户研究、产品策略和市场分析方面的方法论,是其成功设计产品、服务和体验的有效工具,尤其对研究用户行为、角色体验等方面提供了高效且操作性很强的方法

和动机，提出更全面、更有建设性
的意见。

2. 用户研究的对象

在作用户研究之前，我们首先
要知道用户是谁，他们需要什么？

通常的看法是，用户研究的对
象应是目标产品的典型用户。所谓
"典型"，就是使用产品的所有用户
中处于正态分布曲线中间部分的人，

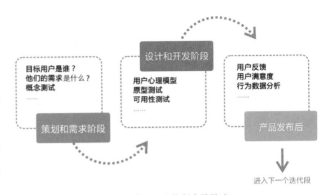

图 2-7　用户研究在产品设计和开发流程中的描述

这部分人的数量往往最多，同时也是最稳定的用户群。创造优秀的产品不是要让 100% 的用户
达到 50% 的满意度，而是要筛选出全部用户中 50% 的典型用户然后使他们达到 100% 的满意度。
所以说甄选典型用户非常重要，失败的用户研究中很多正是由于用户选取不当导致的。可以说，
如果用户选取得合理，那么整个研究就成功了一半。

那么，该如何在用户研究中甄选用户呢？一般原则是：寻找那些（目标产品、相同领域产
品或共通领域产品）有丰富体验的领先用户或者说积极用户，他们有时候会比设计师更了解产
品，尤其是产品存在的使用缺陷，他们更擅长于提出新的想法和见解，因为他们参与性强，更
愿意投入感情并热衷于产品的改良。如果目标产品是全新开发的产品，没有领先用户，那么就
应该寻找具有相关产品使用经验的用户。这里还有一个概念："共通领域产品"，什么意思呢？
我们先来看看 IDEO 公司作用户研究的经典做法：如果他们正给一家正在规划中的顶级高档餐厅
作前期用户研究，那么他们寻找的用户将不仅包括经常光顾高档餐厅的顾客，而且可能会是高
尔夫球场的经理，或是奢侈品品牌店的店长，因为这些人最清楚如何从内心深处满足富人们的
需求。也就是说，我们找的用户可以不限于在目标产品上有丰富体验的领先用户，而且可以是
与目标产品有共通的"心理／文化基础"的产品资深用户或者专家。

3. 用户研究的原则

第一，设计师不是用户

说到以用户为中心，实际上任何一名产品设计师或开发人员都会在工作中自觉或者不自觉
地考虑与用户相关的问题，但是最终的产品却仍然不能避免不同程度的用户接受性问题。原因
何在？其中一个很重要的原因就在于设计师认为自己也是"用户"，从而将自己的意愿映射成用
户的需求。他们认为用户首先也是属于人类的范畴，必然存在共同性，设计师能够发现的问题
用户必然也会碰到。实际上，设计师虽然有自己的生活体验，以及可能的产品使用经验，但是
不能过分相信自己的感觉，因为这种感觉是不客观的，设计师与用户之间存在很多差别，比如

设计师往往有一定的技术背景，受过专业的审美训练，最重要的是对于正在开发的产品在原理和构造上已经具有一定的了解，这种了解使得设计师从某种程度而言成为一种"专家级"的用户，而这些差别会使设计师与普通用户在对产品的认知上形成一定的分歧。

所以，在作用户研究时，设计师一定要时刻提醒自己"设计师不是用户"，要避免为自己做设计，要忽视自己头脑中已经存在的认知和行为模式而使用另一个人（用户）的认知和行为模式，站在用户的角度来重新思考设计问题，发现真正有价值的需求信息。

第二，用户不是设计师

我们强调尊重用户，但是也要避免将用户当成设计师。用户是一个群体的概念而不是特指某一个具体对象。大多数时候我们访谈或者观察的用户会反馈一些问题甚至给出一些具体的解决方案，但是这些问题和方案可能存在较多的个人因素，比较片面，不能作为所有用户的共性来普及。设计师因为受到产品开发时间和经费的限制往往无法找到足够多的用户样本来覆盖所有用户类型，所以容易过分"尊重"某些用户，那么结果很可能不是你想要的。所以，设计师在用户研究时必须深入观察、测试、分辨用户所反馈问题的个性和共性，通过充分的分析来验证用户的意见。

2.2.2 用户研究的基本方法概述

用户研究的基本方法可以分为定性研究和定量研究两种：

1）定性研究是从小规模的样本量中发现新事物的方法，包括：用户访谈、用户观察和原型设计等；

2）定量研究是用大量的样本来测试和证明某些事情的方法，包括：调查问卷、可用性测试、迭代设计等。

1. 定性研究

大多数人可能会把"研究"这个词与科学和客观联系起来，这种联系没有错，但是它让很多人产生偏见，即只有产生定量的测试数据的研究才是有效的研究。自然科学如物理学，所收集的数据和从人类活动中收集的数据不同，人类活动要复杂得多，任何企图将人的行为简化为某些统计类型时，很多有价值的细节将被忽略。

定性研究（Qualitative Analysis）是一种探索性研究，它通过特殊的方法和手段获得人们的想法、感受等方面较深层次反映的信息，主要用于了解目标人群有关态度、动机和行为等问题。定性研究并不追求精确的结论，而是一个发现问题的过程，常常用来回答"什么是"、"怎么样"以及"为什么"等问题。本书中将会提到的现场调查方法都是为了寻找问题的定性研究方法。

2. 定量研究

定量研究（Quantitative Analysis）是建立在逻辑推理和客观数据上的研究方法，一般是为了得出特定性研究对象的总体统计结果。

定性研究可以指明事物发展的方向及其趋势，却不能标明事物发展的广度和深度；可以得到有关新事物的概念，却无法得到事物规模的量的认识。定量研究恰好弥补了定性研究的这一缺陷，它可以深入细致地研究事物内部的构成比例，研究事物规模大小，以及水平的高低。定性分析对于用户研究来说更为重要和有效，成本也较低。定量分析往往需要大量的数据，数据提炼是一个非常痛苦和漫长的过程。但是，定量分析在决策支持上面的作用，定性分析是无法取代的。在产品开发的各个阶段，这两种分析方法是交叉使用的。

定性研究可以作为定量研究的前提和基础，定量研究则是对定性研究的结论作进一步验证。

有关定性研究与定量研究的区别可以参见表 2-1、表 2-2，以便更好地了解这两个概念。

定性研究与定量研究在原理和方法上的不同　　　　　　　　　　　　　表 2-1

定性研究	定量研究
将用户描述和理解成一个人	将用户当做群众市场来试验和测量
使用小样本	使用大样本
无结构限制，灵活的	一旦确认后，有结构限制，固定的
讨论提纲或指南	固定形式的问卷
根据反映	根据问题

定量研究与定性研究的区别　　　　　　　　　　　　　　　　　　　　表 2-2

	定量研究	定性研究
研究目的	证实普遍情况，预测寻求共识	解释性理解，寻求复杂性，提出新问题
对知识的定义	情境无涉	由社会文化所构建
价值与事实	分离	密不可分
研究内容	事实、原因、影响、凝固的事物、变量	故事、事件、过程、意义、整体探究
研究层面	宏观	微观
研究问题	事先确定	在过程中产生
研究设计	结构性的、事先确定的、比较具体	灵活的、演变的、比较宽泛
研究手段	数字、计算、统计分析	语言、图像、描述分析
研究工具	量表、统计软件、问卷、计算机	研究者本人（身份、前设）、录音机
抽样方法	随机抽样、样本较大	目的性抽样、样本较小
研究的情境	控制性、暂时性、抽象	自然性、整体性、具体
资料搜集方法	封闭式问卷、统计表、实验、结构性观察	开放式访谈、参与观察、实物分析
资料特点	量化的资料、可操作性的变量、统计数据	描述性资料、实地笔记、当事人引言等
分析框架	事先设定、加以验证	逐步形成
分析方式	演绎法、量化分析、收集资料之后	归纳法，寻找概念和主题，贯穿全过程

2.2.3　用户访谈

要想了解用户对产品的真实感受，最直接的方法就是询问用户，与他们交谈，这就是用户访谈（Interview）。用户访谈是由研究者根据研究要求与目的，按照访谈提纲或问卷，通过个别面访或集体交谈的方式，系统而有计划地收集资料的一种方法。用户访谈以研究人员和被询问者直接或间接发生社会心理的相互影响为基础。早在两千多年前，访谈法就在中国使用了，当时，司马迁就地访问与调查孔子故乡曲阜、韩信故乡淮阴，将这一类的故事写到《史记》中。西方人类学家作民族与文化研究时，这种方法用得最多，因为这也是最直接、最快捷的一种了解用户的方法。

1. 用户访谈常用的方法

访谈法根据研究者与被访者的交流方式，可以分为面访（直接）和电话访问（间接），根据访谈的人数可以分为深度访谈和焦点小组；根据媒介不同还可以分为电话访谈、邮寄访谈、网络访谈等。

入户访谈（Door-to-door Interview）是用户研究中用得较多的一种访谈类型。这种访谈方式是由研究者带好问卷或事先准备的访谈提纲直接进入被访者家中或工作场所进行直接对话。与其他方法相比，入户访谈最大的特点在于，访问完全在一个面对面的过程中进行。访问者和被访者之间相互影响，并对调查结果产生影响。访问者在访问的同时，通过观察了解被访者的心理，确保搜集到的资料的真实性以及可靠性。这种互动的交流效果以及通过双方语言、肢体语言的碰撞得到的资料比其他的访谈形式更为真实可靠，更具有参考价值（图2-8）。

电话访谈也称间接访谈，它是由调查双方通过电话交谈而不是双方之间见面。在电话访谈中研究者需要准备一个可以提高电话访谈效率的电话访谈脚本（Tele-communication Script）。一个精心设计的访谈脚本，不但可以很好地引导研究者与被访者的交流，而且可以保持谈话过

图2-8　打印机设计项目的用户访谈

程的流畅，并保证在较短时间内达到目的。电话访谈是一种方便、快捷且低成本的访谈形式，它大大减少了人员往来的时间和费用，提高了访谈的效率。它的局限性是没有面访那样有弹性，不易获得更详尽的细节，难以进行多次追问，访谈的情境难以掌握，不能观察被访者的非语言行为，从而影响访问结果的可靠性。

深度访谈（Depth Interview）是一种无结构的、直接的、个人的访问，其目的在于取得正确的信息或了解对其真实世界的看法、态度。深度访谈法适用于了解复杂、抽象的问题。在深度访谈的过程中，研究者必须具有良好的基本素质并掌握高超的访谈技巧，比如在访问中通过文字联想、角色扮演等方法消除被访者的防卫心理，确保访谈的顺利展开。同焦点小组一样，深度访谈主要用于获取被访者对问题的理解和深度了解的探索性研究，因此花费的时间比较长，所以常用于挖掘顾客对产品的深层动机。深度访谈的缺点是，需要训练有素的研究员——访谈者，往往这种访谈者需要具备心理学、行为分析学的知识，所以比较昂贵。得到的调查数据往往不能直接用，还需要进一步的心理分析，因此花费的时间和金钱较多，所以一个调研项目中深度访谈的数量会比较有限。

网络访谈同电话访谈一样是一种间接访谈，它是由访谈者与被访者通过网络媒介展开的访谈形式。随着互联网的普及这种访谈形式也被广泛使用。网络访谈的优势同样是节省人力和时间，成本较低。而且通过即时聊天工具如腾讯 QQ、MSN、微信等形式进行的网络访谈，比电话访谈更灵活，具有更少的时间和地点约束（图 2—9）。而且有研究表明通过 QQ 等聊天形式，受

图 2—9　目前较流行的即时聊天工具和社交网络工具

访者的"心理戒备"最低，最有可能将面访不太会说的信息说出来。心理学的研究也证明，在匿名的情况下，个体容易失去个性化，表现出真实的自我。

焦点小组（Focus Groups）是一个非正式的访谈方法。它并不只是召集一群人来聊天。焦点小组访谈的方法源自精神病医生所用的群体治疗法，是一组人按照规定的流程有序地提供信息的过程。这种方法依赖于个体之间的交互性，鼓励组织内部的协同。所以，如果主持人组织得好的话，焦点小组是一种很好的方法来揭示人们对给定的主题在思考什么，以及是怎么样思考的。焦点小组的目的不是推断，是理解；不是普遍化，而是确定一个范围；不是去声明某一个群体的什么，而是提供一些有关人们如何理解他们情境的见解。

了解何时运用焦点小组方法是成功运用这种方法的关键之一。尽管这一方法非常简单灵活，但也不是适合所有情况或适合产品开发的所有阶段。焦点小组有利于发现用户的愿景、动机、价值观和第一手体验资料。实际上它是一种获取人们态度和感知的工具，在产品开发初期常被用来研究使用同类产品的用户的想法，以便抓住产品的主要特征，提高产品体验效果；在产品研发的后期，焦点小组可以帮助识别和区别产品特征的优先次序。下面简单归纳一些焦点小组访谈法的使用情况。

适合用焦点小组的情况：

1）寻找人们对某些事物的不同观点和感受时；

2）试图了解不同群体或不同类型的人的观念时；

3）发现影响观点、行为、动机的因素时；

4）想要从目标用户中提炼一些观点时；

5）需要对一些想法、材料、计划等进行预先测试时；

6）需要为大规模定量研究提供信息时；

7）客户或委托人重视获得来自目标群体的评价等。

不适合使用焦点小组或需要中断焦点小组的情况：

1）想要人们达成一致意见时；

2）想要教育人们时；

3）需要统计总体时；

4）研究环境里充斥着不同的情绪，小组讨论可能会强化冲突；

5）研究者对研究的重要方面失去控制时；

6）使用其他方法能产生更高质量的信息时；

7）使用其他方法能更经济地产生同等质量的信息时；

8）不能保证敏感信息的机密性时。

焦点小组的实施也分为几个步骤进行。

首先，在实施焦点小组访谈前需要作一些前期的准备。比如做好一份全面的计划是非常重要的。表 2-3 提供了一种计划参考。

实施焦点小组访谈前需要做的前期准备　　　　　　　　　　　　　　表 2-3

时间安排	活　　动
焦点小组开始前 2 周	决定被试和规模；开始招募被试
焦点小组开始前 2 周	决定调研主题；开始撰写提纲
焦点小组开始前 1 周	撰写第一个版本的讨论提纲；与开发小组一起讨论明确的提纲；检查招募工作
焦点小组开始前 3 天	撰写第二个版本的讨论提纲；与研发团队讨论；完成被试招募
焦点小组开始前 2 天	完成提纲；按照时间表排练一次；安放、检查所有设备
焦点小组开始前 1 天	预演一遍；检查时间没有改动并修改提纲中的问题；确认被试
焦点小组进行中	开始焦点小组讨论（通常需要 1 ~ 3 天，根据计划而定）；与观察员讨论；收集全部笔记
焦点小组结束后 1 天	休息
焦点小组结束后 3 天	观看所有的视频以及聆听谈话录音；并记录
焦点小组结束后 1 周	整合笔记；撰写分析报告

其次，选择访谈目标，也就是参加测试的人员。

第三，定义研究范畴、规模。小组的数目和人数取决于要解决问题的难易程度，调查的深度，以及研究者是否必须知道此类问题的答案。

第四，选择研究的主题。对于一般的焦点小组，应该准备 3 ~ 5 个主题以便于展开讨论，这些主题应尽量简短并与项目紧密相关，且主题的目标要十分集中，以确保小组讨论每个主题的时间在 10 分钟左右。

第五，撰写提纲。

然后开始进行焦点小组的访谈。在这个过程中要安排好实验环境的布局、配备有经验的主持人、适度的讨论、安排提问等。访谈进行时还要做好访谈记录，包括影像记录和笔记等（图 2-10、图 2-11）。

2. 用户访谈的一般步骤

前面讲到多种用户访谈的形式，但不管是直接访谈还是间接访谈，个别访谈还是集体访谈，几乎每个用户访谈，都有一个相类似的访谈结构，一般来说，一

图 2-10　IDEO 公司的焦点小组

图 2-11　一场成功的焦点小组访谈需要研究团队精心的策划和准备，以及专业地控制每个环节的内容，为了便于访谈的记录，在访谈室的旁边有时会设置一个观察室，配备专业的观察员作访谈观察和记录

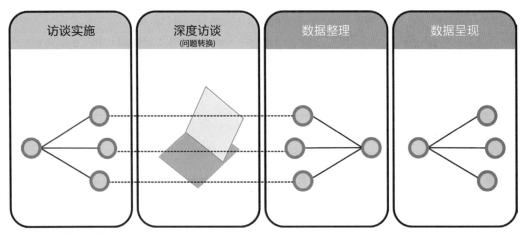

图 2-12　用户访谈步骤

个标准的访谈可以分为以下几个步骤（图 2-12）：

1）介绍。所有参与者都要介绍自己，了解他人非常重要，尤其要注意那些相似的地方。

2）热身。回答问题或开始一个讨论前，需引导被访者进入状态，使他们抛弃平时的一些思维习惯，将注意力集中到所要访谈的产品或问题中来。

3）一般问题。以产品为中心展开的问题，应该围绕产品本身以及用户如何使用，关注的焦点和态度、期望、假设和经验。一般产品的名称不建议在访谈中提及，以免造成干扰。

4）深度访谈。产品或与产品相关的想法被介绍后，应该引导被访者关注产品的细节、功能，以及如何使用产品及使用经验分享等。

5）回溯。这一阶段允许被试更加广泛地讨论评估产品或想法。讨论的焦点为第四阶段新产生的想法是如何影响前面提到的想法的。

6）结尾。一般以正式的形式结尾为好。

7）数据整理。访谈结束后需要对访谈内容进行整理和总结。

8）数据呈现。对访谈结论的高质量呈现也是访谈成功的重要组成部分。

3. 用户访谈的技巧

用户访谈是需要技巧的，它绝对不是简单的一问一答，而是需要访问者善于引导被试者，使被试有话可讲，讲有用的话。访问者需要具备专业的素质，对被访者循循善诱的同时不能表现出咄咄逼人的气势，访谈时集中精力，表达出对被访者的重视和尊重。

具体的技巧如下：

1）选择最佳的访谈地点。选择访问地点时要选一个被访者经常使用的日常环境，例如访问一些办公设备的使用者，最好能预约到被试的办公室做访问，因为脱离了使用环境，访谈获得的信息质量将大打折扣，同时在熟悉的环境中也更容易观察用户的行为模式，并从中发现问题和寻找突破口。

2）预先对被访者作一个初步的了解。访谈前访问者需要对被试的背景资料作全面的了解，包括其生活环境及家庭情况，以便掌握一些可供交流的谈资，同时访谈者要充分了解访问提纲，访谈中也要紧扣主题展开，如果这些前期的准备不够充分，可能会造成访谈不能深入而影响访谈的结果。

3）整理思路。让访问者和被访者都清楚、明白访谈的目的，从而能够预期和掌握访谈最终的目标，从而对各个问题进行合理的时间分配。

4）营造轻松、愉快、友好的气氛。营造友好的气氛的目的是使被试者感到舒适，然后畅所欲言。对于一些敏感问题，避免单刀直入，需要设计好提问的方式，保持一种自然的谈话气氛。

5）尽量少说，多聆听。访问者在引导被试之外，要鼓励被访者自身的表达，不要去评价和影响被试原有的态度等。最后，访谈中难免会出现一些新的状况，这时候就需要访问者随机应变，根据被访者的情况，灵活掌握访谈的内容和时间控制（图 2-13）。

2.2.4 现场调查

现场调查方法是前文提到的定

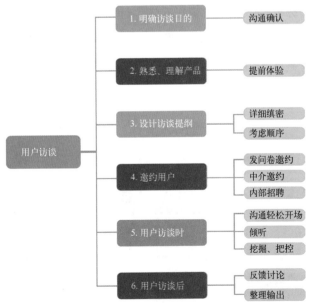

图 2-13 同焦点小组一样，用户访谈需要精心的准备并且需要注重技巧

性研究的方法之一。现场调查方法是来源于人类学（Anthropology）的一种研究方法，又被称为民族志（Ethnography），它是以研究人们的日常生活为出发点，通过实地考察，重新关注对设计有意义的日常生活细节，搜集这些信息来描述和定义某个群体的习惯、想法和行为，从而选择用户"未满足"的需求。

典型的现场调查方法通过现场访谈、观察用户、实物收集及用户体验来收集需要的资料。通常情况下综合运用这几种方法效果较好。收集的第一手资料需要进一步汇总和整理，最好以图表、流程图、实物和录像等更为直观的形式呈现。用户研究的结果越直观对设计的指导作用就越好，这也正是现场调查方法比传统的用户调研获得的一大堆枯燥数据更有助于设计展开的原因。

在用户访谈中我们已经得到了用户所讲述的他们的目标、行为和观点。在现场调查中我们将亲自看到真实的情形，因为有时候用户对于自己表述的产品使用方式与真实的操作并不一致，甚至他们常常意识不到自己真正想要的东西。所以，现场调查的目的是了解用户在日常环境下的自然行为，帮助设计师查明用户的观点与认知目标和行为之间的关系。这在产品开发初期是非常重要的，有助于设计师深入理解用户，完善对用户的定性分析并发现用户需求，同时为以后的"角色构建"提供真实、可靠的基础信息。

目前，我们在工业设计实践中较为常用的现场调查方法有：纯观察法、深入调查法、情境调查法、流程分析法等（图2-14）。

1. 纯观察法

纯观察法是在自然情景中对人的行为进行有目的、有计划的系统观察和记录，并对记录进行分析。纯观察法一般在不方便与用户交流、不希望打扰受访者或者希望受访者保持最自然的工作状态等情况下使用，例如研究用户驾驶汽车时的操作情况，为了保证驾驶的安全我们尽量不直接询问而是观察操作者的行为动作和习惯，或者拍摄影像资料做进一步观察用（图2-15、图2-16）。

图2-14　IDEO公司的用户调查访谈

图 2-15　调查用户在驾驶车辆时的操作情况，采取纯观察的方法保证安全

图 2-16　不打扰用户正常的操作，而采用纯观察法容易获得最真实的信息资料

　　在纯观察法中，调查者不和用户有直接的沟通，只是静静地沉静在环境中，并在不干涉人们生活的前提下，观察和记录人们在真实环境和特定时间范围内实际的所作所为，从而掌握直接而翔实的信息，而不是接受他们事后的描述。因为往往用户做了什么比他们说什么更有用，有时用户会因为怕有失礼貌或者怕显得自己愚蠢会避免说出自己遇到的困扰，而他们有意过滤过的反馈会使一些重要信息遗失。

　　在纯观察法中，用户有时并不知道他们的行为举止被观察（当然以不侵犯他人隐私为前提）。例如，在研究地铁站（火车站等）的自助购票机时，调查者最好找一个适合观察的地方，记录经过的人群中大概有多少人会使用，使用的时间长短，几台机子之间的间距及拥挤度等（图 2-17）。

　　纯观察法的技巧其实并不难，它只需要观察者有足够的耐心去捕捉或追踪使用者、用相机拍摄影像资料、记录下发现的共性问题等。但是真正能对发现的问题进行进一步挖掘和转化其实有一定难度，因为毕竟纯观察法更多地依赖观察者敏锐的嗅觉以及对问题的准确判断，而这种职业素养则需要在不断的观察和实践中积累获得。

　　2. 深入调查法

　　深入调查法是一种半参与式的人类学调查方法，与纯观察法相比，深入调查法所考虑的对象一般更为具体，强调对个体的深入观察，并搜集尽可能详尽的个人资料。深入调查以定性研

图 2-17　对地铁站自主购票机使用情况的观察

究为主，通过实地研究所获得的资料帮助设计团队了解用户的行为、生活方式、社会需求、动机及兴趣等与所设计产品之间的内在联系。在深入调查中，研究的广度很重要，为了更全面地收集资料，研究可以将表 2-4 所示结果作为关键考察点。

深入调查法考察的关键点　　　　　　　　　　　　　　　　表 2-4

序号	关键点	相关的问题
1	个人	包括基本信息（年龄、性别、职业）、穿着打扮、行为举止和随身物品（带什么东西出门，分别用来做什么，这些东西可能的情感意义）等
2	家庭	如家庭成员（有多少人，成员之间如何交流，成员之间互相的期望等）、居住环境（地理位置、装饰风格、家居及陈设、有特殊意义的用品）等
3	饮食	如食物的种类、菜系，饮食的时间和地点等
4	出行	如使用的交通工具、常去的地点、假想的旅游目的地等
5	通信	如使用的通信设备、使用方法、使用频率、某些特殊的关注等
6	消费	消费水平，出入的消费场所，以及消费的频率等

　　在深入调查时，对上述关键因素进行考察有助于高效地展开工作。在具体使用时，由于用户环境可能大相径庭，设计团队成员应根据情况作相应的调整，可以在不同的方面各有侧重。

　　与之相类似，IDEO 的 51 张创新方法卡片中就包含了几个操作性很强的深入调查方法。

　　（1）个人物品清单（Personal Inventory）

　　方法：请用户列出他们所拥有的、对自己重要的物品，作为用户生活方式的一个概要证据（图2-18、图 2-19）。

益处：这个方法对于了解用户的行为、认知其价值观以及展示用户类型非常有效。

（2）行为考古学

方法：从用户的表象中寻找行为的证据，如工作环境、着装风格、家居环境布置及物品摆设等（图2-20）。

图2-18 女性手提包中会放置的典型用品

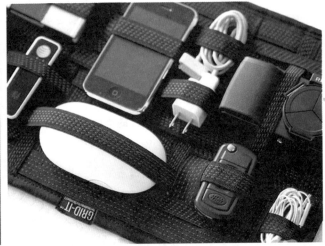

图2-19 了解女性手提包内装的物品，或者观察男士如何处理他们随身携带的私人物件，将有助于了解用户消费的隐情

图2-20 个人办公桌反映用户真实的工作环境、工作性质和个人喜好

益处：这个方法能有效地揭示出产品在用户生活中占据着什么地位，反映出用户的生活方式、习惯、价值观方面的信息。

3. 情境调查法

在设计研发的起始阶段，观察并与用户访谈往往比仅仅观察的效果要好，因为这样你可以得到一幅完整的用户使用情境的画面，这种方法称为情境调查法（Context Research），也被译作上下文调查法。

情境调查法强调的是到用户工作的地方，在用户工作时观察，并和用户讨论他们的工作和行为。在这个过程中观察者就像徒弟请教师傅一样可以对用户的行为模式提出疑问，用户回答的过程实际上就是观察者学习和体会用户感受的过程。这种通过观察和间接询问传授的用户经验，有助于发现用户需求和产品设计的机会点。一旦了解了用户的行为和活动的来龙去脉，要想进一步发现用户的需求和判断未来产品将如何影响用户就容易得多了。

在运用情境调查法时，应注意以下四个方面：情境、协作、解释和焦点。

情境：这里强调的不是在一个整洁的会客室里对用户进行访谈，而是强调必须在用户正常的工作和生活情境中进行。在用户操作时观察，在堆满了他们每天使用的产品和日常起居的情境中向他们提问，这样就能更加直观地观察到他们的行为，了解他们的态度、观点以及其他所有重要的细节。在研究过程中，调查者既可以要求用户谈谈他们的体验和感受，也可以在必要的时候让他们对行为作出一些澄清和解释，或者在不方便的情况下让用户先完成任务然后再提问。观察和谈论可以交叉进行，这样的选择取决于具体的环境、任务和用户的具体情况，作为调查者应随机应变、灵活调整。

协作：为了更好地了解用户的日常生活、工作习惯及对产品的感知，调查者应该沉浸在用户的工作情境中，和用户一起工作。一般来说，调查者往往被用户视为专家，但是在具体的研究中调查者应该提醒用户才是专家，而自己则是一名新手。鼓励用户以"专家"的身份引导调查者，就像指导新手完成工作任务需要更多详细具体的内容一样。这样整个过程体验下来，调查者基本上已经能够理解用户了，也学会了如何切换角色以用户的视角来审视问题。

解释：对行为的解释是非常重要的，用户和调查者应该一起讨论情境中的重要行为。调查者必须注意，应该让用户自己解释所观察到的其自身的行为、态度、观点等，调查者必须小心避免不经过用户的验证，而主观地对事实作出片面的解释或假设。

焦点：在整个研究过程中，调查者应该把问题的焦点集中在既定的研究主题上。因为情境调查中用户是专家，他们往往会把问题引导到他们感兴趣的题目上，一方面调查者需要了解用户认为哪些问题是重要的，另一方面也不能让用户的描述太偏离调查的重心，访谈中调查者应巧妙地引导用户，让研究集中在一定的主题上，为了保证这一点调查者展开观察前应事先准备

好一个观察方向的列表，这个列表应
包含指定研究的概括性的焦点和需要
特别关注的问题，而不是一些具体的
问题。

案例：Green-i：一款交互式、绿色
环保的电子旅行手册设计(图 2-21 ～图
2-24)。

4. 流程分析法

图 2-21　一款交互式、绿色环保的电子旅行手册设计案例

流程分析法与情境调查法相类似，同样需要在具体的使用环境中观察来发现问题，不同的
是使用流程分析法调查时是基于对问题已经有了明确的针对性。流程分析的重点是了解用户的
行为及任务的顺序，通常用户流程是一个需要持续一段时间才能完成的行为，比如上网购物、
驾驶汽车等。流程分析的调查结果通常是一张流程图。因为流程分析的方向比较集中，所以通
常会比情境调查法更快捷。针对具体的产品使用流程分析，调查者应该对调查过程有一个较为
详细的记录，可以采用拍摄操作照片或录制整个任务过程以备后期对照。取证是第一步，然后
按照流程顺序来制作流程拼图，这个流程图除了照片还应该包含必要的文字描述，提出并分析
流程中出现的问题（图 2-25、图 2-26)。

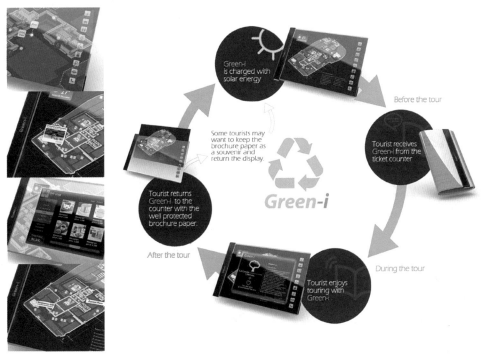

图 2-22　交互式电子旅行手册功能设计

What is Green-i ?

Green-i is an interactive brochure paper which integrates the concepts of "Sharing" and "Reuse" in Eco-touring activity. It is formed by the combination of digital and analog display including recycled plastic, paper and flexible transparent display in layered arrange. Flexible transparent display provides the elastic physical and portable paper weight. In addition, it displays context-based information with an overlay user interface on the paper map.

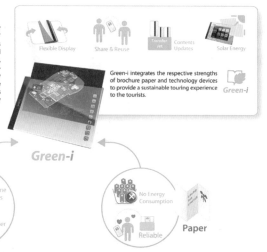

Flexible Display　　Share & Reuse　　Transfer Jet / Contents Updates　　Solar Energy

Green-i integrates the respective strengths of brochure paper and technology devices to provide a sustainable touring experience to the tourists.

Green-i

Green-i

Device — Real-Time Updates / No Paper Waste

No Energy Consumption / Reliable — Paper

图 2—23　Green-i：可重复使用的过程（Reusable Process）

Scenario Design

1 Yuna visits Gyeongbokgung with her friends. First of all, she buys a ticket to enter the palace. *Note: Gyeongbokgung is a royal palace located in northern Seoul, South Korea.

2 There is a great number of brochures at the information center. She glances down and takes a handful of brochures with her.

3 After the tour, Yuna and her friends throw their brochures into the garbage beg.

Green-i

4 Thus, Green-i is designed to encourage "Reuse" and "Sharing" of brochure paper and provide up-to-date information without the need of reprinting.

5 In the next morning, John visits Gyeongbokgung palace.

6 He buys an entrance ticket and receives "Green-i" brochure from the ticket officer. *Note: Green-i is charged with solar energy.

7 John holds the "Green-i" in hand and enter Gyeongbokgung.

8 A notification appears on the screen to inform him that the royal guard marching ceremony is going to start soon at the main gate. So,John follows the direction to see the ceremony.

9 From the flexible transparent display, John is able to see an overlay display information which describes a brief history of the traditional guards.

10 John arrives at Gyonghoeru where most of the royal celebrations took place in the past. John takes out the "Green-i" again to review the places he just visited.

11 When he approaches the exit, the screen shows a short message about Green-i. It calculates how many trees, co2 and papers he has saved when he use "Green-i" in his tour.

12 John returns the "Green-i" to the counter and the next tourist can reuse the brochure paper in "Green-i".

图 2—24　Green-i：情境设计

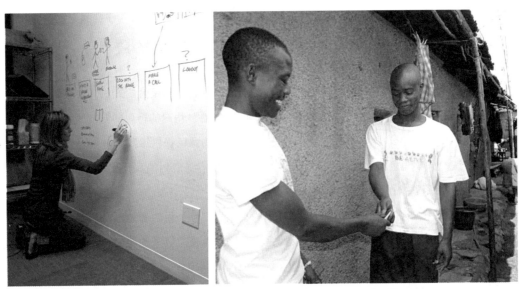

图 2-25　Movirtu 的 MX 系列产品和服务可以让人们借用手机，用起来像是他们自己的一样

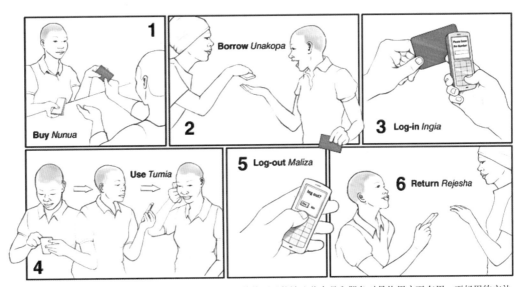

图 2-26　"Frog Design"通过分析产品使用流程，帮助其找到了能让这些产品和服务对最终用户更有用、更好用的方法

2.2.5　角色构建

1. 角色法概述

在经过了用户访谈和现场调查后，设计师其实已经拥有了大量关于用户的原始数据和信息资料。以往设计师就是凭借着经验和市场的敏锐度在这些资料中筛选出有用的信息，用于指导设计的展开。但是，设计师常常会在这堆研究数据中迷失，即使是经验丰富的设计师也是如此。比如我们把所有用户的谈话和观察都记录下来了，似乎每个谈过话的用户都略有差别，然后我

们在作设计决定时，很难想象在一大堆记录中找出那个最有价值的。用户研究的专家告诉我们，只有将收集到的数据、资料，经过整理和提炼变成一份全面的、可以共享的、容易记忆的并且可实施的内容时，用户研究的数据才能真正体现其价值。

设计研究中的角色法就是这样一种对用户信息的高效整理和整合的方式，也就是利用用户研究的信息来生成一种描述性的用户模型，即"用户角色"。用户的行为如何？他们怎么思考？他们的预期目标是什么？为何如此？对于这些问题，人物角色提供给我们一种可以精确思考和交流的方法。人物角色不是真实的人，但他们是基于我们观察到的真实用户的行为和动机的，并在整个设计过程中代表着真实的用户。

我们知道，产品面对的用户很多，最理想的状况是：每个用户都能对产品满意，但实际上这是不可能实现的。而真正成功的产品反而是为那些具有特定需求的特定个体设计的产品，因为只有这样才能准确地定位用户需求，不会因为面面俱到而失去产品特色。举个简单的例子：如果你想设计一辆能够让所有司机都满意的汽车，最后的结果是这辆汽车拥有所有的功能，但是没有一个人喜欢。今天，在产品设计中同样存在这样的问题，企图满足过多的用户，结果导致用户满意度下降。相反，通过为有不同具体目标的用户群设计不同的车辆，我们同时能使与我们的目标用户有相似需求的司机感到满意（图2-27、图2-28）。

2. 定性与定量的用户角色构建

人物角色的创建方法与使用的用户研究方法有很大关系，在前面讲用户研究的基本方法时介绍了两种用户研究的方法：定性研究和定量研究（图2-29、图2-30、表2-5）。

因此，用户角色可以通过以下三种方法来进行构建。

（1）定性人物角色构建

定性的研究方法有很多，比如一对一访谈（用户访谈）、焦点小组、现场调查、可用性测试、卡片分类等。所以，在构建定性人物角色时首先要整理访谈和现场调查的资料，在此基础上细分出具有共同特性的用户群组。对人物角色而言，细分用户的目标是找出一些模板，将具有相

图2-27　适合不同用户的汽车设计

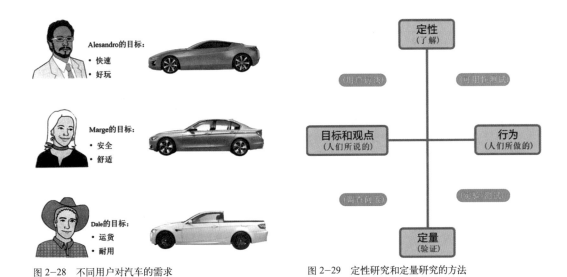

图 2-28　不同用户对汽车的需求　　　　图 2-29　定性研究和定量研究的方法

似目标、观点或行为的人群归集到某个特定的用户类型中去。通过这种归纳，同时重新回顾之前的研究记录，逐渐丰富各群组中的用户目标、行为和态度等信息，然后在这个基础上为每个类型的用户群设定一个人物角色。为了使每个人物角色显得更加生动和真实，我们需要再赋予他们各自的名字、照片、人口

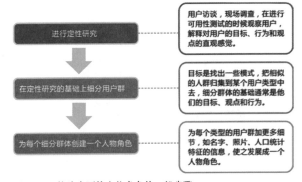

图 2-30　构建全面的人物角色的一般步骤

统计特征的信息、产品使用细节以及其他相关资料。这是我们最为常用的人物构建方法，因为这是一个相对较快捷并且经济的人物角色提炼过程。

不同方法构建的人物角色优缺点与适用性对比　　　　　　　　　　　表 2-5

—	研究步骤	优点	缺点	适用性
定性人物角色	1. 定性研究：访谈、现场观察、可用性测试	1. 成本小。与较少的用户访谈、细分用户群、创建人物角色	1. 没有量化证据。必须是适用于所有用户的模式	1. 条件和成本所限
	2. 细分用户群：根据用户的目标、观点和行为找出一些模式	2. 简单、增进理解和接受程度	2. 已有假设不会受到质疑	2. 管理层认同，不需量化证明
	3. 为每一个细分群体创建人物角色	3. 需要的专业人员较少	—	3. 使用人物角色风险小
	—	—	—	4. 在小项目上进行的试验

—	研究步骤	优点	缺点	适用性
经定量验证的定性人物角色	1. 定性研究	1. 量化的证据可以保护人物角色	1. 工作量较大	1. 能投入较多的时间和金钱
	2. 细分用户群	2. 简单，增进理解和接受程度	2. 已有假设不会受到质疑	2. 管理层需要量化的数据支撑
	3. 通过定量研究来验证用户细分：用大样本来验证细分用户模型	3. 需要的专业人员较少，可以自己进行简单的交叉分析	3. 定量数据不支持假设，需要重做	3. 非常确定定性细分模型是正确的
	4. 为每一个细分群体创建一个人物角色	—	—	—
定量人物角色	1. 定性研究	1. 定量技术与定性分析结合。模型第一时间得到验证	1. 工作量大，7~10 周	1. 能投入时间和金钱
	2. 形成关于细分选项的假说：一个用于定量分析、多个候选细分选项的列表	2. 迭代的方式能发现最好的方案	2. 需要更多专业人员	2. 管理层需要量化的数据支撑
	3. 通过定量研究收集细分选项的数据	3. 聚类分析可以检查更多的变量	3. 分析结果可能与现有假设和商业方向相悖	3. 希望通过研究多个细分模型来找到最合适的
	4. 基于统计聚类分析来细分用户：寻找一个在数学意义上可描述的共性和差异性的细分模型	—	—	4. 最终的人物角色由多个变量确定，但不确定哪个是最重要的
	5. 为每个细分群体创建一个人物角色	—	—	—

定性人物角色构建有它的优点也有其不足之处。它的优点在于：

1）投入相对其他方法来说低廉。

2）需要的专业人员也比其他方法少。

3）创造的人物角色故事更容易了解和接受。

它的缺点在于：

1）没有量化的证据，这是定性研究先天的不足之处。

2）已有的假设不会受到质疑；进行访谈的时候不可避免地将假设带给用户。

人们总是下意识地寻找支持自己假设的事实，所以这可能导致误导用户，在实践过程中最常见的是最后得到的细分用户群和最早假设的完全一样。

（2）经定量验证的定性人物角色构建

人物角色经过定量分析验证后具有统计学意义，在内部交流、验证目标和观点及向决策者证明人物角色的科学性方面更有效，所以广受专业公司的青睐。这种方法是通过定性的方法创建人物角色，然后使用调查问卷等定量的研究，来验证这些在定性性质上进行细分的用户群，进一步保证信息的准确性。因此，它比定性人物角色更加准确并能使人信服，相比定量人物角色而言，它不需要反复进行迭代从而得出最合适的细分，它只需对定性出来的细分进行验证。但是即便是这样，定量验证也需要足够的可信样本，成本较高且专业性也更强。

经定量验证的定性人物角色构建这种方法的优点是：

1）有量化的证据，因此它更加有说服力。

2）所需的专业人员较少，因为只是对已有的假设进行验证，所以不需要专门的分析统计人员的加入。

这种方法的缺点是：

1）需要额外的定量验证工作。对比定性人物角色，它需要验证先前的定性细分是否准确。这需要展开调查，而调查自然而然会增加时间和额外的投入。

2）已有的假设不会受到质疑。这种风险仍然存在，因为最初的细分群体是通过定性的方法而来的。

（3）定量人物角色构建

定量人物角色是通过定量的研究方法创建出来的，是一个复杂的迭代过程。其细分用户群组的过程由经验和研究数据共同推进完成，定量研究的客观性使得人物角色的创造更具有科学性和可靠性。但是这种方法更适合专业机构使用，因为它需要更加科学、严谨的研究过程，同时耗费的时间和金钱也是不菲的。

定量人物角色构建方法的优点是：

1）人为的因素比其他方法少，量化的数据更容易使人信服，同时能对多个细分模型进行验证。

2）定性的方式只是测试某个细分选项，而这种方式能够实现不断的迭代，直到发现最好的方案。

3）可以检查更多的变量。通过使用统计的方法，对大量不同的变量进行分析、组合，寻找人工分析无法发现的模式和差异。

定量人物角色构建方法的缺点是：

1）需要做大量的工作，前期除了问卷调查外，统计分析也需要时间而且同时它还是一个反复的过程，所以需要有大量的时间投入。

2）需要更多的专业人员。问卷调查和统计都需要有专门的人员来进行。

3）分析结果可能会与先前假设完全不同。这样很有可能导致项目的夭折，或者前期的工作白白浪费。

3. 构建人物角色模板

构建人物角色的第一个步骤是细分用户群组。这个过程是整个角色构建中最重要也是最困难的一部分，因为它不仅涉及人类学方法，还与市场研究方法密切相关。细分完用户群组以后，我们需要将现场调查和用户访谈中获得的原始数据整合到各个细分群组中去，以便丰富人物角色。

人物角色必须让人觉得真实可信，只有这样设计团队内部才会真正接受这个人物角色，将其当做一个真实的用户来了解和讨论，而不是一个死板的用户模型（图 2-31）。那么，如何把

图 2-31　人物角色案例

一组枯燥乏味的特征列表和数据转化
成一个直观的任务角色呢？这里我们
可以参考国外比较成熟的一些角色构
建模板。另外，我们也制定了一个模板，
如图 2-32 所示，这样，只需要填入
相应的内容就可以了。当然，这种形
式不是完全固定的，可以根据特定需
要进行设计（图 2-33）。

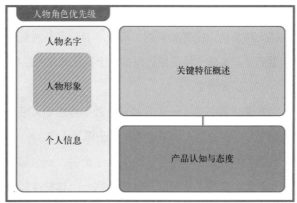

图 2-32　简单提炼的人物角色模板

　　这里我们需要知道的是，一个真
实可信的人物角色需要包含一些基本的信息：

　　1）关键特征（他们明确的目标、行为和观点）；

　　2）人物姓名；

　　3）个人照片；

　　4）个人信息；

　　5）产品认知和态度；

　　6）人物角色优先级。

　　下面我们逐条进行说明：

　　(1) 关键特征（他们明确的目标、行为和观点）

　　整个人物角色中最重要、最核心的内容就是角色关键特征描述。首先，这个特征描述必须
是清晰的，覆盖这个人物角色的主要目标，以及会影响他／她达到目标的属性。其次，特征描
述必须是简洁的。没必要把每个关键差异都记录到列表中，只要能够区分出不同的人物角色就

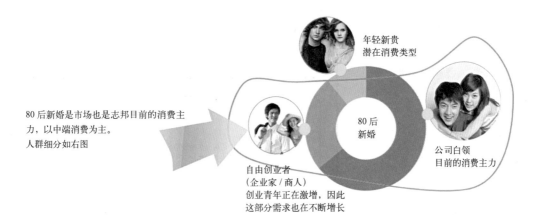

图 2-33　杨明洁设计顾问机构对 80 后人物角色模型的定位

可以了。因为通常关键特征会有两个版本，一个是专门用于方便浏览的，另外一个版本是用来陈述人物角色的完整故事的。所以，专门用于浏览的只需要能够很容易地区分出不同的人物角色就行了。最后，特征描述也是一个反复迭代的过程。

（2）人物姓名

如果没有名字，一个人物角色就不可能令人感觉真实，甚至你还需要为其取一个人人都喜欢的名字，这样的人物角色才能真正深入人心。

人物角色的名字通常不需要一个全名，一个简称可能更好，同时也是为了避免设计人员的记忆负担。选择名字时，一定要使用一个这种类型的用户真正可能会用的名字，甚至也可以使用在用户访谈中遇到过的用户名字，比如研究老年用户时，我们可以使用"老张"、"老李"等称呼。另外，还需要注意的就是，在设定多个人物角色的名字时，要确保相互之间能明确地区分，避免混淆而降低工作效率。

然后，在给人物角色取名字的时候，可以适当添加一些简单的描述，这样方便设计团队的成员能自动把名字和主要的用户特征联系起来。比如"保守的老张"、"闲不住的老李"等。

选择名字和其他事情一样是一个反复的过程。人们对不同名字有本能的反应，所以要找到每个人都认为合适的名字非常重要。当团队成员开始习惯用名字来称呼人物角色时（例如，"老张肯定不会这么操作的！"），说明人物角色已经开始起作用了（图2-34）。

交友系统首要人物角色

知性白领 拉拉

个人概述

拉拉大学毕业后决定留在杭州发展，目前有一份好的工作，但比较忙，没时间好好谈恋爱。之前父母朋友帮忙安排过几次相亲，都不太满意，因为拉拉对"浪漫的爱情"还有一份期待，相信浪漫的爱情是"巧遇"来的，不是相亲能谈出来的。当然，现实的压力还是会有，比如在杭州租房久了很希望有一个自己的家，最好对方是有房子的。

目前最大的问题是她没有太多时间参加派对、俱乐部等社交活动，所以能认识的男士非常有限。她平时也关注网络交友，但总觉得网络上的信息还是缥缈了一些，没有近距离接触的那么真实，让人有安全感。

个人信息

—28岁，外企职员
—单身，住在杭州
—性格安静，喜欢喝咖啡，不爱运动
—喜欢听音乐、看电影、看书，有个MP4
—想找一个浪漫、同样小资的爱人
—希望对方同城，且有良好的经济基础

用户目标

—寻找一个满足她期望的爱人
—花最少的时间，最好不需要额外的交际
—方便操作，符合平时的生活习惯
—高效，最好随时随地地注意交友信息
—交友过程保持一种良好的气氛，避免尴尬

知识和经验

—互联网使用经验丰富
（工作、娱乐、购物无所不及）
—了解实名制交友社区
（人人网、微博）
—对数码产品比较了解
—热衷时尚，关注流行动向

图2-34 人物角色范例

（3）个人照片

没有照片的人物角色不会栩栩如生。当前期调研分析完成后，其实每个人脑海中已经有一个大概的形象，所以找到一张大家都认同的照片也非常重要。

为人物角色选择个人照片时，最重要的是选择一张普通的、真人的照片，不要使用某个模特或者任何一个看起来像模特的图片。因为所有这些都是为了创建一个可以代表实际用户的真实用户，如果选择的照片看上去像是一个精心修饰、毫无瑕疵的人，往往容易将用户理想化，从而干扰团队作出正确的设计决策。

在选择这类照片的技巧方面，这里引用《赢在用户 Web 人物角色创建和应用实践指南》一书的作者 Steve Muider 的一段话："我建议使用肩部以上的肖像来作为人物角色的图片，因为脸部可以极好地表现细节和性格，同时人物的衣着刚刚好能够让您找到对他（她）的感觉。保证图片中人物的视线对着镜头，而不是别的地方。您应该可以清楚地看到他们的脸，而不是被其他人或物品，或者任何一个对这个人物角色而言过于奇怪或者反常的东西分散了注意力，比如一件丑陋的圣诞节毛衣或者一只站在他（她）肩膀上的鹦鹉。"

图 2-35 所示是一些人物角色照片的例子。

图 2-35　人物角色照片举例

（4）个人信息

在为人物角色确定了名字、个人照片以后，我们需要为其添加更多细节来激活这些人物角色，使其形象更加立体，并强化该人物角色在设计团队成员脑海中的印象。

一般个人信息包含下面这些方面的细节。

职业：人物角色的工作能说明很多问题，在综合前期资料的基础上，为人物角色匹配一个关联性最好的行业以及相关的职位，让他／她的可信度更高。

年龄：选择一个合适的年龄，这个年龄需要跟选择的个人照片相一致。

居住地：居住的国家、地域和城市的个性都会丰富人物角色的形象。

家庭：为人物角色设定是否单身、结婚或是否育有子女等细节，家庭生活如何安排，这将取决于人物角色被使用的环境。

爱好：找一个可以补充人物角色性格的工作以外的活动，1 ～ 2 个爱好能使人物形象更完整。

1）产品认知和态度

产品认知与态度是区分人物角色的重要内容，反映人物角色对产品的情感和需求。一般描述为用户目标，他们使用产品的目的及潜在需求；知识和经验，表现为是否是初次使用以及他们对同类产品的认知；产品与品牌的态度，表现为他们对品牌的关注度、期望或者一些特殊的要求。

2）人物角色优先级

往往产品或服务的使用对象不是单一的群体，因此我们在用户研究时会对用户群作细分，而这些细分的用户群并不是同等重要的，所以我们在构建人物角色时，需要作优先级的排序，为每一个人物角色定出优先级别，以便筛选出首要的设计对象。

特别值得关注的人物角色类型有：

首要人物角色。首要人物角色是我们设计的主要目标。这是最具商业价值的人物角色，他的需求凌驾于其他人之上。如果不同人物角色之间的需求相互矛盾，那么这个人物角色的需求总是排第一位的。一般首要人物角色不能多于两个，不然就应该重新审视产品范围是否定得太广。

次要人物角色。除了首要人物角色，剩下的那些可能就是次要人物角色，他们的需求同样具有商业价值，同样需要被满足，除非他们的需求与首要人物角色相冲突。

负面人物角色。负面人物角色不是产品和服务的用户，构建这样的人物角色是为了提醒设计团队不要把注意力集中到他们身上，他们的需求不被列入产品开发的范围之内。

4. 灵活应用人物角色

在掌握了构建人物角色的技巧之后，我们就该考虑如何在设计流程中最大限度地发挥其作用，花费了大量时间和精力构建的人物角色如果不能被很好地利用，将会沦为一个摆设，这是任何一个设计团队都不愿看到的结果。所以，要在设计过程中灵活地使用人物角色，保持人物角色的活性。

那么，在产品设计过程中哪些层面的工作可以使用人物角色？将人物角色放回到产品设计的过程中，它所处的位置大致如图2−36 所示。

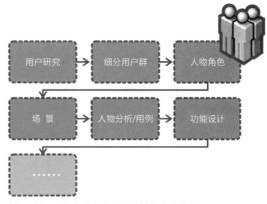

图 2−36　人物角色在产品设计过程中的应用

灵活使用人物角色，首先要对用户作一个恰到好处的描述。前面我们在讲到用户基本信息时提到用户姓名、照片、个人信息等很多关于人物角色的细节，在此我们还需要强调有必要建立一份完整的人物角色文档。这个人物角色文档可以有多种方式来呈现，一般最普遍使用的还是文字描述。文字描述时要注意尽量安排在一页内，因为太多的内容将增加记忆的负担。同时，人物角色文档还可以有图片、视频等补充描述的形式。比如建立人物角色意象拼图，也称人物角色情绪板，可以帮助设计团队更好地进入人物角色的生活情境。将人物角色所处的环境、使用的物品、喜欢的娱乐节目等以图像的形式拼贴在一起，制作成人物角色的意象拼图。意象拼图不是直接指导设计用的，而是传递一些更加感性化的信息，体现出人物角色的生活风格，便于设计师勾勒人物的性格，更贴切地把握用户的喜好，并对产品造型、色彩、材质、肌理等设计元素提供一定的视觉参考（图 2−37）。

图 2−37　人物角色意象拼图

一个完成了的人物角色就像一个提线木偶，只有当你操作它时它才会动。人物角色只有在具体的情境中才是鲜活的。设计师可以为人物角色设定一个场景，构建人物角色与产品、场景之间的故事，用讲故事的形式帮助设计团队理解用户在特定场合下的行为和需求。也就是后文将重点介绍的剧本导引法。

此外，积极地推广人物角色和鼓励角色扮演也能达到灵活运用人物角色的目的。除了人物角色的意象拼图和情境故事，还可以制作包括基本的角色名字、照片和关键特征在内的精简的人物角色描述卡片，并把它派发给设计团队的成员和决策者，让人物角色融入到企业生活中。

2.3 以用户为中心的设计方法

根据著名设计方法专家詹尼士（John Chris Jones）在其著作《设计方法》（Design Methods）中对设计方法的列举和分类，设计方法可大致分为三类，分别是"发散"（Divergence，调研、收集和资料整理）、"转化"（Transformation，激发创意，解决问题）和"收敛"（Convergence，设计的评估和验证），我们前面介绍的这么多用户研究的方法其实可以被认为是"发散"型的设计方法，那么接下去我们要重点介绍的就是"转化"型的设计方法，也即如何利用用户研究的成果来激发创意，解决产品的设计问题。这里我们重点介绍两种比较典型的以用户为中心的设计方法：剧本导引法和原型法。

2.3.1 剧本导引法

前面在介绍用户研究的方法中我们提到了角色构建法，那么我们知道角色与其所存在的环境是密不可分的，角色必然存在于某个情境之中。这里的"情境"由"scenarios"一词翻译而来，也就是剧本之意。在本书中，我们将"context"和"scenarios"都译为"情境"，我们认为这两个词的含义有相通之处。"情境"与"场景"不同，"情境"包含两层含义：一是心情与感受；另外一个是情形与情况，"场景"是场面和景象。所以，"情境"一词更适合描述角色在使用产品时所处的环境和心理状态的综合。

1.剧本导引法概述

剧本导引法（Scenario—oriented Design），也叫情境故事法，是一种以用户为中心的设计方法，它借鉴剧本（脚本）撰写的方法，将产品开发前期涉及的用户研究、市场背景分析、用户使用情境等多种因素和调研结果转化为剧本的各要素，然后通过"透过观察→说故事→写剧本→显现情境→设计体验→沟通和传达"的过程导引设计概念的产生。另外，利用剧本导引法还可以融合人物角色对设计方案进行可用性测试和评估，起到优化设计方案的作用。

剧本导引法的基本原理是利用人类内心思考、言词表达的编故事、说故事的基本能力，在产品设计的初始阶段，并且在对目标用户生活情境具有一定的观察和了解的基础上，将设计师及产品开发的有关人员带入未来产品使用时的情境，通过这种情境故事，让设计师获取与产品设计有关的信息，并对这些信息进行一定的筛选提炼后内化吸收，转化成自身经验的一部分，从而有助于设计师对产品设计过程有一个宏观上的把握。

剧本导引法在西方已经发展了几十年，最早是应用于商业的商业剧本，是服务于商业决策的需要。剧本法最早被运用到设计研究是在人机交互（HCI）领域。典型的例子是英国 ID TWO 设计公司（即后来合并为 IDEO 的三家设计公司之一）与美国设计公司 Richardson Smith，利用剧本法共同为施乐公司开发复印机面板，从观察所使用产品的情境开始，导入人机界面的设计，后来才逐渐被应用于各类产品设计中。并且经过诸如 IDEO、IBM、Philips Design 等著名设计机构多年的应用、研究和推广，剧本导引法现在已经发展成一套行之有效的设计方法。尤其是 IDEO，将其作为主要的诱发创意、推陈出新的设计方法，在其开发的各类产品中成功运用（图2-38）。

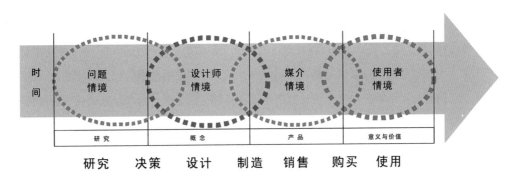

图 2-38　情境所包含的范围

2. 基于产品使用的剧本导引法

一个完整的情境故事包括"人、境、物、活动"四个构成要素，"人"指的是用户的知识、经验和行为习惯；"境"包括微观情境（用户所处的具体时空场景）与宏观环境（市场定位、技术限制、社会文化趋势等）；"物"指的是产品的功能和存在形式；"活动"指的是人的行为动作。当"人—境—物"三者经由人的行为动作有机地组织后就形成了完整的故事，所以所谓"活动"就是故事的情节。如图 2-39（左）所示。

当人们叙说一个故事的时候，自然要完整地交代"人—境—物—活动"各要素。当"物"的信息不够清楚，那么在尝试描述"人—境—?—活动"时，人们会本能地利用以往的知识和经验来弥补，随着情节的不断发展和细节的补充，渐渐地"?"可能的特征就会浮现，如图 2-39（右）所示。

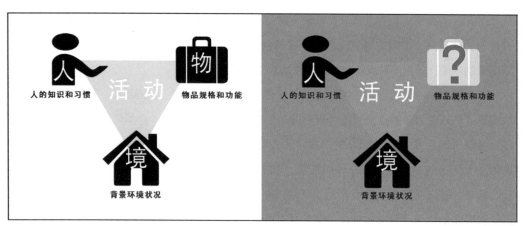

图 2-39 人一境一物一活动关系图
(资料来源：余德彰等人，2001 年)

产品设计是制定物品（或服务）的规格，包括产品功能以及提供（交互）方式，设计完成后的产物（产品或服务）将满足使用者在不同情境下的使用。如果将产品开发过程对应一个完整的故事过程，那么这个设计过程可以视为述说一个"人一境一？一活动"的"物"不详的故事。

剧本导引法建构了一座理性与感性之间的桥梁。它将理性的数据转化为最能感动人的情景或故事，它的好处是不管企划者、设计师还是工程师都可以通过"剧本"来沟通，通过对不同情景的了解，发现潜在客户的需求，研究使用者的生活。

3. 剧本导引法的特点

任何设计方法都有自身的特点，包括优点和缺点等（表 2-6）。

剧本导引法的优缺点对比 表 2-6

—	优点	缺点
剧本导引法	以用户为中心	对操作者要求高
	促进团队交流	易偏主观
	降低成本	易产生庞大的剧本
	关注细节	过度关注细节，迷失开发方向
	适用面广	—

剧本导引法的优点如下。

（1）以用户为中心

它结合不同的人物角色，通过对不同情境的描述，帮助设计师更好地了解和发现用户的真实需求，然后再借助情境剧本的导引发展出解决问题的方案，从而可以更加准确地设计出符合用户期许的产品。剧本导引法改变了传统的以设计师为主导的设计模式，帮助设计人员真正站在用户的角度思考设计问题，从本质上实现以用户为中心的设计思想。

（2）达成共识，促进团队内部交流

剧本导引法能使说故事和听故事的人之间产生共鸣，有关产品的故事和情境一旦设定，那么设计对象、设计目标和任务也就有了一个明确的定位，设计团队内部就容易形成一定的共识，包括管理者、设计师、工程师、营销人员在内的各类人员也就有了沟通的基础，从而避免因专业背景不同而引发的纷争，促进团队内部的交流。作为一种沟通工具，剧本能传达复杂的经历，对产品、品牌和服务的分析和设计都有用。

（3）降低成本

将剧本导引法导入开发设计流程，由于其关注细节的特点，使得很多设计错误能在早期情境推演的时候就被发现并修改，从而有效地降低产品开发的成本。首先，情境剧本的设定就预先考虑了未来产品被使用的情况，充分考虑了用户的行为习惯和潜在需求，保证了产品开发以用户需求为中心的正确方向。其次，设计师在给出解决方案以后可以将方案放回到具体的情境中，以验证是否符合预期，如果方案不符合预期设计师要做的也仅仅是继续探索，而不会有太多损失，而对产品开发而言却大大降低了产品失败的风险，从而也降低了产品的开发成本。

（4）关注细节

由于剧本情节是以情境描述的形式展开的，而一个具体的情境包含详细的用户行为和事件的全景，通过塑造典型角色在特殊情境下的行为方式，能够让设计师关注问题存在的细节，从而帮助设计师把握问题的全貌。

（5）适用面广

剧本导引法不仅适用于工业设计领域，同时它几乎适用于任何与人的活动有关的领域，比如环境设计，甚至商业策划和市场营销等，在这些领域剧本导引法提供对未来的有效预测和提升用户满意度。

当然，剧本导引法也有其操作的障碍：需要特殊技能和互动合作的有关方法；是一种主观的方法，存在偏见的情况不可避免，应以宏观角度加以分析；需要广泛的市场、技术基础等；容易流于空想。

剧本导引法的缺点：

1）对操作者有较高要求。剧本导引法的实施需要操作人员具备一定的技能和产品开发的经验，尤其是面对市场调研获得的庞大数据，如何让数据"瘦身"并提炼出设计开展需要的关键数据等。

2）是一种偏主观的方法，不可避免地存在偏见问题。剧本导引法需要设计师通过一定的合理想象才能完成剧本情境的营造，容易造成有偏见的剧本。所以，必须在设定人物角色和情境描述时多参考定性和定量的研究成果而减少主观臆断，尽量减少偏见剧本（Scenario Bias）的发生。

3）往往会产生庞大的剧本，筛选和整合困难。另外，将剧本内容转化为关键议题也是非常重要的。这就要求在发展剧本情境时控制好"发散"和"收敛"的度，只有这样才能导引出好的创意和概念。

4）剧本导引法的优点是关注细节，但过度关注细节容易造成迷失设计开发的方向。要善于把握重点，在情境导引设计概念时必须在头脑中形成一个宏观的概念和对全局的掌控。

4. 剧本导引法的使用流程

剧本导引法有着广泛的适应性，根据不同的产品有不同的设计开发流程，所以剧本导引法的运用没有一个特定的流程。

余德彰等人就产品和服务开发的流程进行了研究，认为在剧本运用之初首先要积累对"人"和"环境"的研究信息，这也是剧本或者故事发展的基础。发展的过程可从对"人"的描述——建立演员表开始，以未来产品使用的"境"为"经"，以"用"的活动地图为"纬"，经由"起、承、转、合"的过程而完成（图2-40）。

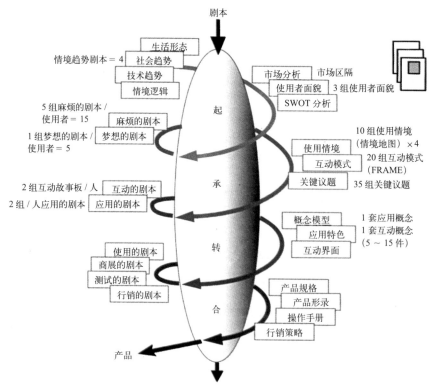

图2-40 剧本导引法的"起、承、转、合"
（资料来源：余德彰、林文绮等的《剧本导引：资讯时代产品与服务设计新法》）

　　在这里我们给出一个基本流程的框架：研究目标用户，细分用户群，并为其设计人物角色，也即剧本角色；根据剧本角色的特点以及用户研究中获得的相关信息，绘制产品可能会使用的具体情境地图，即"活动地图"；然后，通过角色和活动地图撰写反映用户需求的"问题剧本"，在问题剧本中提取关键议题，讨论并解决关键议题，发展"方案剧本"。

　　图 2-41 所示是剧本导引法的应用流程。

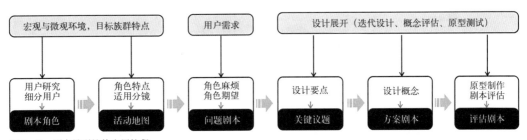

图 2-41　剧本导引法的应用流程

　　（1）设定剧本人物角色，绘制活动地图

　　说故事、写剧本首先要决定的就是演员。一个剧本需要包括多个演员，在产品故事剧本中每个"演员"代表的是一个典型用户的群体。往往成功的产品设计是满足特定用户的需求而不是满足绝大部分用户的普遍需求，所以我们需要先满足首要人物角色的需求，也就是产品剧本中的"主角"，然后以其他用户人物角色作补充，制定产品剧本中的"演员表"，并根据角色重要性分布。

　　"活动地图"亦称"用的地图"，主要是以人的活动范围为基础来构建的，以便设计者在情境互动过程中不会遗漏一些重要的信息。"活动地图"有"日志式地图"与"旅程式地图"两种："日志式地图"定期观察周期发生的事，如生活中的一天、一周、一季或一年；"旅程式地图"则是描述一个行为由发生到结束的单一生命周期（图 2-42）。

　　（2）撰写"问题剧本"，定义用户需求

　　通过描述角色遇到的麻烦、所处的困境及其期望等，撰写反映问题的"问题剧本"。问题剧本实际上就是用户需求的发现和定义。用户需求往往不是能直接从用户口中得知的，它需要观察用户的行为习惯，而通过问题剧本的描写可以复原用户行为，有助于引导设计者关注细节，发现潜在问题。

　　（3）从问题—议题—方案，导引设计过程的展开

　　从问题剧本提炼出关键议题，也即有价值的设计点，通过综合需求、技术等考虑因素发展出方案剧本，方案剧本的撰写和完善逐渐浮现设计概念的全貌。这个过程可能是反复的，用剧本和情境来测试方案的合理性，有助于提高设计效率。当方案剧本确定或完成后通过

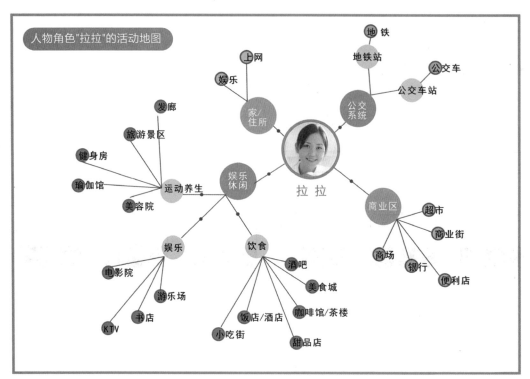

图 2-42　人物角色活动地图范例

原型制作来进一步测试设计概念的可行性，这个时候同样模拟真实用户的使用情境，来做综合性的测试。所以，剧本导引法（情境故事法）除了导引设计概念，还有评估和测试概念的作用。

5. 剧本导引法的表现形式

剧本导引法应用于产品设计开发，是一种将设计元素和限制条件可视化的设计工具，我们的故事从描述一个"真实的故事"开始，所以剧本中的角色、情节和环境需要来自用户研究所获得的图片、图表、描述性的草图等视觉元素的支持。而我们的文字剧本也是从最初的视觉形式中整理而得，最后随着设计进程的推进，剧本呈现的形式也会越来越丰富，比如故事板、视频短片画面等。

剧本的表现形式大致可分为以下几种：

1）草图（Sketch）。这里所指的草图还不是发展设计概念的草图，而是用于剧本设定前的情境片段描述的工具，以分析和整理用户需求为主，是设计者最初的思想呈现。

2）文字描述（Text）。文字描述型的剧本是最常规的，来自于对草图和情境片段的描述和整理，这类剧本也是剧本导引法的主要发展形式。把视觉化的内容提炼为文字需要更为谨慎，另外整理成文字后的剧本更经得起逻辑性的推敲，从而可以深化设计的主题。

3）故事板（Story Board）。情境是创造了一个人物角色使用产品的故事，而故事板是情境中的细节刻画，以及视觉化的情境。文字的剧本虽然严谨但过于抽象，在必要的时候也要借助故事板的视觉表现。

4）拼贴板（Mood Board）。拼贴板和故事板一样是一种将剧本内容视觉化的工具，也是文字剧本很好的补充内容。比如我们在构建用户角色时用到的人物角色意象拼图就是一种拼贴板。它对于呈现用户意象、情绪或者色彩偏好这类较模糊的概念要比单纯的文字描述更贴切，同时也为未来产品的风格定性提供有益的参考。

5）视频（Video）。视频是剧本表现中较为高级的表现形式，它借助音频和视频等媒介，更详细和直观地演绎产品使用情境。视频一般基于原型的辅助用以完成一定的测试或者设计概念的传播方面的作用（图 2-43）。

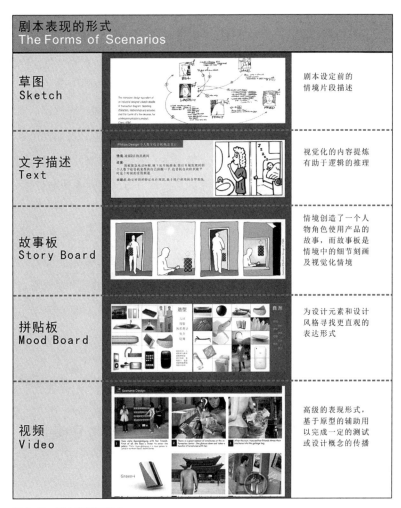

图 2-43　剧本表现的形式

2.3.2 原型法

国外学者 Kolb 和 Fry 在他们的"经验学习"(Experiential Learning Theory)理论中提到：实际的操作经验可以转化为知识，动手实践不仅是一种实现的过程，它同时也是一种知识学习和能力提高的过程。对于产品设计的学生来说，动手制作产品原型将是一个很好的推进设计创意并提升自己的机会。

1. 原型法概述

原型法就是一种以原型构建为核心的设计方法。通常把协助我们与未来产品进行交互，从而获得第一手体验，并发掘新思路的装置，称之为"原型"，这个构建与完善的过程，称为"原型构建"。从这个层面上说，原型的范围相当广泛，我们在设计创意过程中画的草图、建的草模、绘制的故事板或者自己拼装的电子装置，无论是简陋的纸板模型还是精密加工而成的金属装置都可以被认为是原型。所以，原型是能帮助我们思考和尝试，并不断推进以达到我们的设计目标的一种设计工具。

虽然原型的涉及范围很广，但是它与我们平时接触较多的模型还是有区别的。

第一，我们说原型是一种在创意过程中辅助思考的综合性工具，它不是一件成型的产品，工业设计的手板模型，是用于测试和评估的，是接近产品最后版本的一个小样；

第二，原型渗透在创意概念的各个方面，用来评估各种创意，推广设计团队的想法与创意，并且它是一个不断演变的过程，而模型更多的是服务于实际生产、制造及装配衔接的方案；

第三，原型要求快速构建，且是相对廉价的装置，它容许为解决关键问题而不用拘泥于细节的推敲，而模型的制作要求非常严格，需要考虑产品的方方面面，重视细节的品质，因而需要消耗大量的时间与金钱。

总而言之，构建原型，对于设计师而言要更自由、更随意，它不需要因为小心翼翼地构建一个原型，而阻碍自己灵感的迸发。在 IDEO，设计团队对于原型构建的态度极其宽容，即便知道结果不是预想的，但还是会去完成，因为如果不做出来那又怎么修改和改进呢。"说不定还会有些额外的新发现"，IEDO 的设计师总是如此乐观而自信（图 2-44 ～图 2-47）。

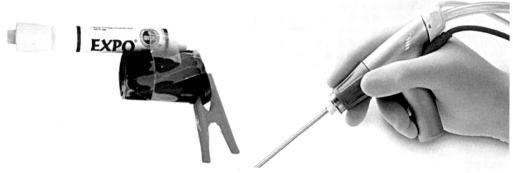

图 2-44 IDEO 的快速原型构建，在一个医疗设备的项目中协助设计师与客户的积极沟通

图 2-45 基于纸面原型的低保真原型

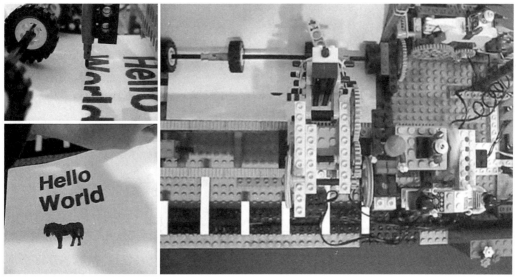

图 2-46 用乐高玩具和一支记号笔构建的打印机原型

图 2-47　在汽车设计中，常常耗费大量的时间和精力制作逼真的油泥模型，主要用于形态的推敲和评估

2. 原型法的特点

特点一：原型法是一种做中学的方法。

原型构建是一种边探索边学习的过程，又名"做中学"的方法。做中学是一种开放的工作心态。当你动手制作第一个原型之前，没有人能知道所有的事，也不知道产品的细节设计怎么出来最合适，但是当我们完成了第一个原型，你就琢磨它、测试它，然后从中发现与预先设想的差距，并判断改进的方向，或者发现新的灵感然后再重新尝试做一个更好的。设计师亲自动手构建原型，也是对自身知识系统的一种实践检验，并且从中学到更多的知识。IDEO 工作室的

肖恩·科科伦（Sean Corcorran）和他的团队在为 Vecta 公司设计一种椅子时，斜插在椅子上的高速调节杆成为一个关键问题。当然，他们没有直接去做整把椅子，甚至也没有制作整个调节装置，他们只是制作了小杠杆及其调节装置。这说明通过构建原型有助于逐步解决细微的关键问题。

原型构建活动是一个动态的、做与学互长的过程。将我们的想法通过制作具体的东西来实现，是一个反复循环的过程，一个新想法可能会产生很多种设计并且使设计体验更加丰富而深入。原型构建，强调的是创造容易呈现的模型来表达酝酿中的创意，具有一种实验研究的性质，这表明设计过程本身就具有不确定性与探索性，"构建"原型的过程，同时也解释了整个设计的迭代过程。

特点二：原型法是一种团队合作的方法。

我们知道产品开发的团队里不仅包含设计师，它是一个多学科交叉的团队，所以原型构建需要综合众多学科的团队合作才能完成，它不是某一个能人可以包揽得了的。例如，在产品开发过程中，影响用户操作与使用的认知心理学近来不断受到设计师们的重视，很多设计师们学习这方面的知识。但是，对于设计师而言，我们需要了解认知心理学的知识，来帮助理解一些用户行为，或借鉴到我们日常的设计中去，而对于在设计中遇到的实实在在的人类认知问题，最好的方法还是与认知心理学专家共同讨论，邀请他们一同构建交互原型，借此将他们的专业意见融入到交互设计中去，而不是凭借自己假想的经验越俎代庖（图 2-48）。

3. 原型法的基本原则

原型法作为一种设计工具与方法，具有一定的实施原则。

（1）快速原则

在观察与理解用户需求和设计目标的基础上，快速制作原型。前面分析了原型与模型的一些区别，其中一条就是原型不是精雕细琢的模型，在以快求生存的商业环境中，花费大量的宝贵时间在一个原型上是不可取的。特别在设计阶段的初期，快速地制作几个甚至一批大概原型，可以尽可能多地找出问题，而不至于被一两个问题限制住。同时，快速地构建原型也使后期的深度挖掘产生更多可能性，设计的过程需要快速地发想，快速地视觉化和实物化，这样才能提高研发效率。

在 IDEO，如果一张照片胜过千言万语，那么一个原型就胜过千张照片。制作原型不但是创新的语言，更是沟通与说服的工具。

在 IDEO 快速制作原型要做到：

1）制作可操作的原型：将可能的解决方案视觉化，加速决策制订和创新；

2）什么都可以制作原型：无论是产品或服务、网站或空间，都可以制作出原型；

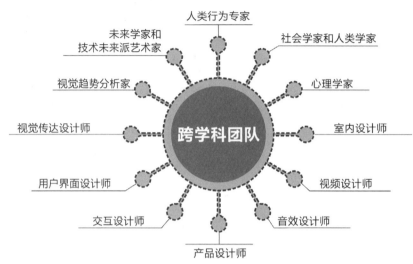

图 2-48　跨学科合作的团队

3）善用摄影机：通过电影预告片的形式，呈现消费者在产品及服务推出后可能的使用体验；

4）追求速度：原型制作力求快速廉价，不浪费时间在复杂的概念上；

5）不求细致花俏：以展现设计概念为主，勿花费太多心力在细节上；

6）创造情节：展现消费者如何以不同的方式使用产品或服务；

7）身体激荡：即兴安排剧情，虚拟不同类型的消费者，实地模拟他们的角色（图 2-49）。

我们鼓励工业设计在校生制作的"快速原型"，是一种以功能原理为导向，力求简单快速建立产品内部逻辑结构的产品初级原型，是一种介于高保真模型和低保真模型之间的简单产品功能原型。这种产品快速原型不用花费大量经费，而且制作周期较短，比较适合作为课程中的实践训练。通过这种功能原型的制作，可以帮助学生理清所要设计产品的基本结构和功能，加

图 2-49　（左图）英特尔支持 PPM 技术的 MID 产品原型；（右图）Dyson 吸尘器产品原型

深对产品功能的合理性和可行性的理解，从而为产品外部形态的创造提供一定的依据和参考，为后期产品的深入发展提供保障。

制作原型需要的材料如 ABS 板、油泥、发泡塑料以及工具在许多商店都可以买到。另外，对于一些产品的功能元件，我们更多地鼓励学生寻找现成的开关组件、从别的产品里面拆出来的零件或功能模块或从网络商店购买的简单传感器等，只要是可以实现设计功能的东西都可以成为快速原型的材料。这也是一种锻炼学生合理利用各种材料的形式和特性，恰当、灵活地表现其创意过程的训练模式。

（2）迭代原则

什么叫"迭代"？迭代指的是"重复操作直至获得明确而详细的结果的过程。"没有迭代就不会产生有序的复杂性。实际上，迭代允许通过简单结构的逐步积累形成复杂结构。在原型构建中，我们允许通过不断的调查、测试和调整设计来改良复杂的结构。设计的过程就是一个迭代的过程，就像写文章一样，设计师们通过不断地推敲、深入才能将产品不断完善。有关迭代设计的方法，我们在后面的章节中都会再次提到，它也是以用户为中心的产品设计中常用的一种方法（图 2-50）。

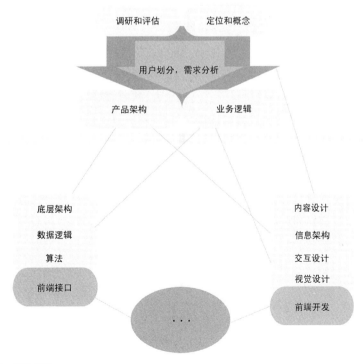

图 2-50 迭代原则

（3）焦点原则和有限性原则

制作原型必须是有的放矢的，每个原型都必须切实解决一个被设计团队所关注的焦点问题。设计团队成员来自不同的学科，关注点各有侧重，所以不同原型所能解决的问题也各不相同。凡是设计一个能给用户带来愉悦体验的产品，所要考虑的问题往往都是方方面面的。在原型构建形成过程中，我们基于不同的原因，需要构建不同的原型，不能指望在一个原型构建过程中解决所有的问题，认识到这种局限性，有利于设计团队轻松工作，从而激发创意。

第二部分

以用户为中心的设计方法在
产品设计领域中的应用

第3章 | 产品交互设计

产品交互设计是指为用户与产品间的交流和互动进行设计。所有的交互行为都是由用户参与和主导的，因而交互设计是典型的以用户为中心的设计。

3.1 产品交互设计的含义

3.1.1 何谓交互设计

关于交互设计，目前还没有一个明确的定义，Matt Jones 和 Gary Marsden 在所著的《移动设备交互设计》(Mobile Interaction Design) 一书中说："我们很难给交互设计下一个精简的定义。因为它的运用范围太广，从电子商务到 GPS 导航仪等，同时，运用者也来自人文科学、工业设计、销售等不同领域。"该书引用了一本教科书中关于交互设计的定义……设计交互产品以辅助人们的日常工作生活。

上述概念通过"产品"和"日常"两个关键词让我们理解了交互设计的对象和服务的领域，但是何谓"交互"，这里没有强调。为了便于更好地理解这个概念，我们在这里给出一个关于交互设计的粗浅定义：

交互设计 (Interaction Design) 是指为用户与产品或系统之间的交流和互动进行设计，以更好地满足人们日常的工作、生活需求。

早在 1984 年，IDEO 的比尔·莫格里奇 (Bill Moggridge) 就在一次会议上提出了交互设计的概念，当时命名为"柔面 (Soft Face)"，但由于这个名字很容易让人联想到那时风靡美国的玩具"椰菜娃娃 (Cabbage Patch doll)"，在 1990 年，比尔·莫格里奇就把它更名为"交互设计"（图 3-1）。

设计中的交互问题涉及很多学科领域，这些学

图 3-1 比尔·莫格里奇

科大致可以分成两类，面向人的学科和面向机器的学科，"交互"是这两类学科交叉的基础。

美国设计师 Dan Saffer 在《为交互的设计：创造智能化的应用程序和聪明的设备》一书中列出了交互设计所涉及的相关学科：

信息构架（IA）

工业设计（ID）

传达或图形设计（CD）

用户体验设计（UX）

用户界面工程（UIE）

人机交互（HCI）

可用性工程（UE）

人因工程（HF）

事实上，这些学科之间本身的关系就错综复杂，互相交叠，彼此之间很难划清界限。本书在构思整体框架的时候，也对这些内容进行了思考，我们觉得很难用一个简单的图表或者维恩图来说清楚它们之间的相互关系，上述学科中，有的是对同一类问题从不同的侧面进行了阐述和研究，从而产生了不同的学科。

交互设计目前已经成为一个独立的学科，随着交互设计的不断发展，交互的概念正在被越来越多的不同领域的设计人员所接受。

3.1.2　产品交互设计

交互设计有广义和狭义之分。关于产品的交互设计是广义的概念，其设计的对象是所有的产品和系统，而狭义的理解主要是指与计算机相关的交互设计。

广义的交互设计涉及的对象范围很广，可以是家用电器、消费电子或交通工具等各类实体产品，也可以是无形的软件系统，还可以是空间、互联网或服务等。交互设计强调设计应注重人和产品间的互动，要考虑用户的背景、使用经验以及在操作过程中的感受，从而设计出能更好地符合最终用户的产品。比尔·莫格里奇认为，交互设计关注的不仅是实体产品，而且也重视服务。因而可以说，交互设计涵盖了物质设计和非物质设计这两个层面，也就是包括了硬件与软件及其服务的设计。

在本书中，涉及交互设计时所说的"产品"，我们主要指有形的产品，或者是基于有形产品的软硬件系统，为了强调这一点，我们采用了"产品交互设计"的提法。产品交互设计特别强调人与产品之间在操作、功能实现、反馈等方面的交流与互动。

虽然交互设计概念的出现已有这么多年，但交互设计思想在有形产品设计中的应用还只是近几年来的事。目前，关于交互设计的研究正方兴未艾，美国的麻省理工学院（MIT）、卡内基

梅隆大学（CMU），加拿大的西蒙菲莎大学（SFU）
和瑞典的于默奥大学（UMEAU）等高校都在开展交
互设计方面的研究，有的还设有交互设计方面的专
业或研究方向（图 3-2）。

　　Cooper 认为："追随技术似乎是很好的策略，却
往往衍生出比前一代产品更烦人、更复杂的产品。
交互设计让我们跳出这个模式，创造出前所未有的
好产品。"产品交互设计给工业设计带来了一个全新
的设计理念，这既是一个挑战，更是一个机遇。

　　"交互"源于英文"interaction"和"interactive"，
交互设计的根本含义是指在产品设计时，必须特别

图 3-2　机器狗 Smart Pet

重视人与产品间关系的多方面因素，如环境、行为、技术和人的情感体验等，其中"体验"是
交互设计的宗旨。

　　交互表示两者之间的互相作用和影响，因而交互过程需要两个以上的参与对象，从产品使
用的角度可以认为交互行为是作为使用者的用户与提供使用者的产品以及环境之间的互动及信
息交换过程。

　　在人与产品相互关系的发展过程中，从原始社会一直到工业革命的漫长时间里，人与物的
信息交流绝大部分是单向的，在这个过程中，人是交互的主体，物是交互的对象。随着时代的
变迁和科技的发展，原始形态的交互形式逐渐向更高层次的交互形式演变，计算机技术的发展
和智能化时代的到来，使得人和产品之间的关系有了本质的改变，古代人使用原始的器具与现
代人操作计算机已迥然不同。从某种意义上来说，由于智能产品的出现，人和产品之间已经逐
渐变成互为主体的关系了（图 3-3）。

　　同时，微电子技术的发展使计算机芯片深入到了人们工作、生活的各类产品之中，这使产
品结构更加紧凑，功能更加强大，同时也使操作更加复杂，用户很难通过感官来预期操作结果，
产品变得难于理解和使用。Cooper 将这种现象称为"认知摩擦"，虽然这个问题与技术的运用有关，
但更主要的是由于不合适的设计造成的，Cooper 认为"解决由技术带来的认知摩擦最好的办法
就是交互设计，它能让我们的生活更舒服、机器更智能、技术更人性化"。

3.1.3　界面设计

　　讲到交互设计，我们自然不能不提界面设计，这两者在很多情况下都是相伴而生的。交
互设计和界面设计有着不同的侧重点。Matt Jones 和 Gary Marsden 在书中说，"我们再次强调，
交互设计绝不等同于界面设计"，但是严格地说，"界面设计"与"交互设计"这两个内容又不

图 3-3　飞利浦儿童产品设计"Drag Draw"

能完全分离开来，交互设计是界面设计的延伸，所有的"交互问题"都是在"界面"上发生的，"界面"是交互行为产生的基础，"交互"是界面设计的最终目的。在这里，我们为了便于理解，对这两个密切相关的内容进行了界定：界面更强调静态的呈现，而交互则更强调交流与互动的动态过程。"交互设计是为了构建用于人们生活的'交互空间'，而不仅仅是一个人们相互影响的'界面'"，Terry Winograd 在一次演说中提到。

　　界面设计就像戏剧中的背景，而交互设计则好像戏剧舞台上的表演，需要关注场景如何切换，如何展现主要角色间的关系以及主题如何得到凸显等。交互设计者也要从事界面设计，但这个界面设计是后期工作，而前期更重要的工作都是动态的，首先要明白用户的核心需求，而后构建系统和用户的参与方式。

　　在人—产品—环境这个系统中，人与产品之间的关系存在着一个相互作用的"形式与媒介"，这就是界面。人与产品之间的信息交流和控制活动都发生在产品使用界面上，人通过视觉和听觉等器官接收来自产品的信息，经过大脑的加工、决策，然后作出反应，实现人—产品的信息传递。

　　与交互设计类似地，界面的含义也有狭义和广义之分。广义的界面泛指一切产品，既包括硬件也包括软件，是人与产品或系统之间传递和交换信息的媒介，是用户使用产品或系统的综合操作环境。狭义的界面是指软件系统中的界面，也称为用户界面。这里的界面是人与系统之间传递、交换信息的媒介，是用户使用系统的综合操作环境。

　　1. 硬件产品界面

　　硬件产品界面是界面中与人直接接触、有形的部分，它与工业设计紧密相关，早期工业设计的发展，主要是围绕硬件所展开的。现代工业设计从工业革命时期开始萌芽，其重要原因正是在于对人与产品之间关系的思考。现代设计历经工艺美术运动、新艺术运动和德意志制造联盟的成立等阶段，直到包豪斯确立了现代工业设计，这个过程其实都是在不断地探寻物品呈现于人的恰当形式，其实也就是界面问题。之后的设计风格的演变，无论是流线型风格、国际主义风格还是后现代主义风格，都始终围绕着形式和功能的关系这个主题，其实质也是对产品使用界面的不断思考。工业设计中关于座椅的设计，其实是在探讨"坐的界面"问题，而关于手动工具的设计，则主要是在探讨"握的界面"问题，可以说，早期的工业设计主要就是在关注硬件界面设计（图 3-4、图 3-5）。

图 3-4 "坐"的界面

图 3-5 "握"的界面

硬件产品界面的发展，是与人类的技术发展紧密联系的。在工业革命前的农业化时代，人们使用的工具都是手工生产的，很多情况下会根据使用者的特定需要进行设计和制作，因而界面友好，具有很好的亲和力。18 世纪末在英国兴起的工业革命，使机器生产代替了手工劳动，改变了人们的设计和生产方式，但是在初期也产生了很多粗制滥造的产品，使很多物品的使用界面不再友好。20 世纪 40 年代末随着电子技术的发展，晶体管的发明和应用使得一些电子装置的小型化成为可能，改变了很多产品的使用界面。

在第三次浪潮的席卷下，计算机技术快速发展和普及，人类进入了信息时代，信息技术和 Internet 的发展在很大程度上改变了整个工业的格局，新兴的信息产业迅速崛起，开始取代钢铁、汽车、机械等传统产业，成为时代的生力军；苹果、摩托罗拉、IBM、英特尔等公司成为这个产业的领导者。在这场新技术革命的浪潮中，硬件产品界面设计的方向也开始了转变，由传统的工业产品转向以计算机为代表的高新技术产品和服务，此时的设计，逐步从物质化设计转向了

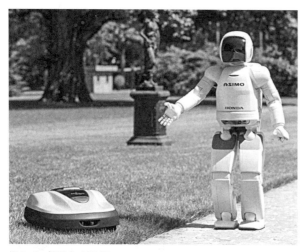

图 3-6 机器人 ASIMO

信息化和非物质化，并最终使软件界面的设计成为界面设计的一个重要内容。随着信息技术的不断发展，出现了很多智能化的产品，这些智能机器再一次深刻地改变了产品界面的形式，同时也使得界面的设计不再仅仅局限于硬件本身（图 3-6）。

2. 软件界面

软件界面是人—产品之间的信息通道，它的发展，首先必须归功于计算机技术的迅速发展。今天，计算机和信息技术的触角已经伸入到现代社会的每一个角落，软件界面也伴随着硬件成为用户界面的重要内容，甚至在一定程度上，人们对软件界面的关注，已经超越了硬件界面，优化软件界面就是要合理设计和管理人—产品之间的对话结构。

早期的计算机体积庞大，操作复杂，需要人们用二进制码形式编写程序，这种编码形式被称为机器语言，很不符合人的思维习惯，既耗费时间，又容易出错，大大地限制了计算机应用的拓展。

第二代计算机在硬件上有了很大的改进，体积小、速度快、功耗低、性能更稳定。在软件上出现了 FORTRAN（Formula Translator）等编程语言，人们能以类似于自然语言的思维方式用符号形式描述计算过程，大大地提高了程序开发效率，整个软件产业由此诞生。

集成电路和大规模集成电路的相继问世，使得第三代计算机变得更小、功率更低、速度更快，这个时期出现了操作系统，使得计算机在中心程序的控制协调下，可以进行多任务运算。

这个时期的另一项有重大意义的发展是图形技术和图形用户界面技术的出现。施乐（Xerox）公司的 Polo Alto 研究中心在 20 世纪 70 年代末开发了基于窗口菜单按钮和鼠标器控制的图形用户界面技术，使计算机操作能够以比较直观的、容易理解的形式进行。1984 年苹果公司仿照 Polo Alto 的技术开发了新型 Macintosh 个人计算机，采用了完全的图形用户界面，获得了巨大的成功（图 3-7、图 3-8）。

图 3-7　苹果电脑界面

图 3-8　手机界面设计

20 世纪 90 年代，微软推出了一系列 Windows 操作系统，极大地改变了个人电脑的操作界面，促进了微型计算机的蓬勃发展。

软件界面的主要功能是负责获取、处理系统运行过程中的所有命令和数据，并提供信息显示。目前，在系统软件方面主要有 Macintosh、Windows、Unix、Linux 等几大软件形式与标准；对于网页浏览器则有微软的 Internet Explore（IE）等形式与标准。这些操作系统和应用软件都是以用户为中心的，具有本质上的联系，它们在发展的过程中，也经历了不同的阶段和形式。

计算机系统最早使用的也是最流行的一种控制系统运行的界面形式是命令语言，它广泛应用于各类系统软件及应用软件中。命令界面是用户驱动的，界面功能强大，运行速度快，但用户必须按照命令语言语法向系统发送命令，才能让系统完成相应的功能，因此，命令语言的使用比较困难、复杂。命令语言起源于操作系统命令，直接针对设备或者信息，它是一种能被用户和计算机所理解的语言，由一组命令集合组成，每一命令又由命令名和若干命令参数组合而成。

菜单界面是一种最流行的控制系统运行的软件界面，并已广泛应用于各类系统软件及应用软件中。菜单界面是系统驱动的，它提供多种菜单项让用户进行选择，用户不必记忆应用功能命令，就可以借助菜单界面完成系统功能。

数据输入界面也是软件界面的一个重要组成部分，从输入作用上说，可以分为控制输入和数据输入两类。控制输入完成系统运行的控制功能，如执行命令、菜单选择、操作复原等；数据输入则是提供计算机系统运行时所需的数据，当然有时控制输入和数据输入不是完全分离的，而是同时进行的。命令语言和菜单界面一般是作为控制输入界面，但也可以使用菜单界面作为收集输入数据的途径。

20 世纪 80 年代以来，以直接操纵（Direct Manipulation）、WIMP 界面和图形用户界面（GUI）、WYSIWYG（What you see is what you get，所见即所得）原理等为特征的技术广泛为许多计算机系统所采用。直接操纵通常体现为所谓的 WIMP 界面。WIMP 有两种相似的含义，一种指窗口、图表、菜单、定位器（Windows，Icons，Menus，Pointers），另一种指窗口、图标、鼠标器、下拉式菜单（Windows，Icons，Mouse，Pull—down menu）。直接操纵界面的基本思想是摈弃早期的键入文字命令的做法，而是用光笔、鼠标、触摸屏或数据手套等坐标指点设备，直接从屏幕上获取形象化的命令与数据的过程。也就是说，直接操纵的对象是命令、数据或者对数据的某种操作，直接操纵的工具是屏幕坐标指点设备。

软件界面在发展的过程中，其有用性和易用性的提高使得更多的人能够接受它、愿意使用它，同时也不断提出各种要求，其中最重要的是要求软件界面保持"简单、自然、友好、方便、一致"。

为了达到上述要求，在软件界面设计开发中，要遵循几个基本的原则：

1）保持信息的一致性；

2）为操作提供信息反馈；

3）合理利用空间，保持界面的简洁；

4）合理利用颜色、显示效果来实现内容与形式的统一；

5）使用图形和比喻；

6）对用户出错的宽容性和提供良好的帮助（Help）功能；

7）尽量使用快捷方式；

8）允许动作可逆性（提供 Undo 功能）；

9）尽量减少用户的记忆要求；

10）快速的系统响应和低系统成本。

随着网络的普及，人们的很多工作、生活都离不开网络，网站的界面设计成为设计关注的一个重点，可用性研究最初就是从网页界面设计开始的；同时，随着智能手机及平板电脑的广泛使用，个人移动终端成为一个极其重要的交互载体。

目前的界面设计其实已经很难将软件和硬件分离开来，嵌入式技术和智能交互技术的广泛运用，使得大量的新产品都呈现出软硬件高度结合的特点。

Alan Cooper 先生说，最好的界面是没有界面（而仍然能满足用户的目标）。有很多产品在不知不觉中极大地改变了我们的生活，设计最精巧的界面装置能够让人根本感觉不到是它赋予了人巨大的力量，此时人与产品的界线彻底消除，融为一体。扩音器（图 3-9）、按键式电话、方向盘（图 3-10）、磁卡、交通指挥灯、遥控器、阴极射线管、液晶显示器、鼠标／图形用户界面（图 3-11）、条形码扫描器这 10 种产品被认为是 20 世纪最伟大的人机界面装置。

图 3-9　扩音器

图 3-10　方向盘

图 3-11　鼠标

3.2　产品交互设计的目标和程序

3.2.1　产品交互设计的目标

美国 Springtime 公司的设计师塔克·威明斯特（Tucker Viemeister）认为："产品设计的未来将越来越少地关注设计产品外观，而是会越来越多地着眼于促进使用者和生产者之间的交流。"这种交流正是通过用户与产品的交互行为进行的，交互设计作为实现用户情感体验的重要手段受到了人们越来越多的重视，这也对工业设计师提出了更高的要求（图 3-12）。

"许多人认为 iPod 的成功归功于其酷毙了的工业设计，但对 iPod 的研发过程非常熟悉的保罗·马赛（Paul Mercer）来说，它的成功基于提供了完整体验的系统方法的出色交互设计"，比

图 3-12　iPod 播放器

尔·莫格里奇说："该产品鲜明、迷人的特性在很大程度上要归因于它所提供给用户的功能强大、操作简单的控件：只有 6 个简单的、便于理解的按钮就能完成大量的操作（Matt Jones 和 Gary Marsden）。"可见，作为工业设计师，非常有必要掌握交互设计的基本程序和方法，并将其应用于产品设计实践。

交互设计的目标是设计用户真正满意的产品，用户对产品的真正满意是物质层面上的使用和精神层面上的愉悦体验。从使用到体验，反映了人们对现代产品非物质化属性的更高要求。卡内基梅隆大学设计学院的克雷格·沃格尔（Craig Vogel）说："……灵感只是设计之路的起点，并且比产品本身更重要的是产品使用者的感受，因为设计始终是以人为本的。"

产品交互设计的目标是为用户开发"可用"、"可靠"、"可爱"的"交互式产品"，用户在使用这种产品的过程中不仅能利用产品的功能为自己服务，而且能够通过和产品之间的信息交互得到令人难忘的情感体验。

因此，产品交互设计的目标主要有两个方面：

1）可用性目标；

2）用户体验目标。

产品交互设计的核心是要达到可用性目标，这是实现用户体验目标的基础，同时用户体验目标是对可用性目标的拓展和升华。Norman 在《情感化设计》一书中说："当然，实用性和可用性也是重要的，不过如果没有乐趣和快乐、兴奋和喜悦、焦虑和生气、害怕和愤怒，那么我们的生活将是不完整的。"当然，我们希望带给人的更多的是积极的、正面的情感体验（图 3–13）。

可用性目标侧重于产品的物理功能，而用户体验目标则侧重于产品的精神功能，两者的共同宗旨是"以人为本"。

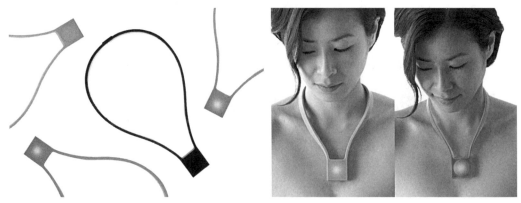

图 3–13　飞利浦"vibe"情感探测项链，可以阅读人体的多种电信号，并将之转换成声光信号

3.2.2　产品交互设计的程序

交互设计涉及用户、产品、环境这三者的关系，是一个完整的系统。具体地说，交互设计系统是由人（People）、人的行为（Activity）、产品使用的情境（Context）和产品所融合的技术（Technology）以及最终完成的产品（Product）五个基本元素（简称PACT-P）组成的系统,即交互系统(Interactive Systems)。交互设计实质上是对交互系统的设计，其设计过程首先围绕PACT四个基本元素展开，综合分析系统组成元素之间的关系，最终设计出组成元素间和谐共处的产品（图 3-14）。

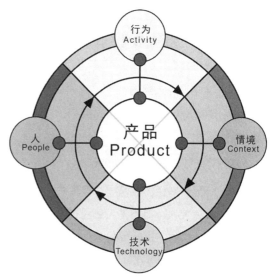

图 3-14　产品交互设计系统

交互设计多学科交叉的特点，决定了产品的交互设计过程也是一个多学科协同工作的过程，而认知心理学、社会学、人类学以及信息科学和工程学等众多的学科则形成了交互设计的理论基础。

在进行产品的交互设计时，首先需要对系统的组成元素进行分析。

1. 用户（人）分析

人是交互的主体，交互系统是为人服务的，设计师在交互系统的设计过程中首先必须认识和理解系统的服务对象，目的是了解人们对产品的真正需求，并以此作为设计的依据。对用户的分析具体包括以下几个方面。

（1）用户类型的界定

用户是产品的直接或间接使用者，通常可分为三个层次：

1）主要用户：经常使用产品的人；

2）次要用户：偶尔使用或通过他人间接使用产品的人；

3）三级用户：购买产品的相关决策人员和管理者等人。

在交互系统中，通过与产品进行交互，以期完成特定任务的人是真正的用户，也就是直接使用产品的主要用户和部分次要用户。

但开发一个成功的产品同许多用户之外的人员密切相关，这些人员称为"当事人"，所谓当事人是指受产品影响、并直接或间接影响产品的人，如：潜在用户；产品开发团队组成人员；产品营销、服务、维修人员；相关合作伙伴；相关领域专家等。

虽然当事人不都是直接使用产品的用户，但是他们可以为用户需求分析提供很多有价值的意见。事实上，很多新的需求是用户之外的当事人提出的，特别是在新产品的开发中尤其如此。

（2）用户分析

用户群体具有人类的共性，我们需要从人类学的角度分析特定用户的种族、语言、文化、传统等因素；分析人的能力和局限，认识不同的用户之间存在的性别、身高、体重、身体技能等方面的差异；分析用户在交互系统中的注意、知觉、记忆、思维等认识过程和进一步的心理活动及行为表现，认识到不同的用户存在的心理和能力方面的差异。

（3）用户的具体化（设定人物角色）

使产品适应人，而不是人适应产品，这是交互设计的目标之一，要达到这个要求，必须将用户的概念转化为具体的角色，角色（Personas）是具有目标用户真实特征的人。

Cooper 提出了只为"一个人"设计的概念，这里的"一个人"就是指产品的真实用户——角色。Cooper 认为：

1）目标用户越多，偏离目标的可能性就越大；

2）如果想得到 50% 的产品满意度，不能让一大批人中的 50% 对产品满意来达到这个目标，只能通过分离出这 50% 的人，让他们对产品 100% 满意来做到；

3）瞄准 10% 的市场，使其成为产品的狂热追随者就能获得最大的成功。

角色是用户的典型代表，应具有该用户群体的所有特征，因而角色的选择需要慎重进行，必须在进行充分的调研后才能确定，否则会使整个设计偏离方向。

2. 产品分析

产品是交互设计的对象，从工业设计的角度可将产品分为技术驱动型产品和用户驱动型产品两大类。从交互设计的角度来看，前者主要在"后台"提供技术支持，用户关注的主要是技术性能，如电脑的 CPU；后者则直接提供"前台"服务，与用户进行交互，用户关注的主要是产品的外观、功能、操作的便捷性和体验等。"后台"的技术支持会直接影响"前台"的交互表现，所以两种类型的产品是密不可分的（图 3-15）。

产品交互设计过程实际上是对上述这些交互系统组成元素的进一步理解和认识的过程。只有很好地理解了这些元素，我们才能处理好元素之间的平衡关系，达到交互设计的目的，使用户和产品之间实现真正和谐的关系。

产品交互设计的过程大致分为需求分析、概念设计、原型设计、基于原型的评估、方案执行五个阶段。产品交互设计是一种典型的以用户为中心的设计方法。

3. 行为分析

这里所说的行为，是指在交互系统环境中，人使用产品的动作行为和产品的反馈行为，即人、产品与环境这三者之间的交互方式。

（1）交互行为的类型

交互系统中的交互行为是为了达到产品的使用目的所展开的活动，在交互设计中，设计师应关注的主要行为有：

1）经常性行为：对于经常性行为必须容易操作。

2）偶然性行为：偶然性行为需要容易学会操作。

3）受时间影响的行为：有些行为需要迅速地作出响应；有些行为在时间宽裕的时候，可以被完成得很好，但在时间紧迫时可能很难顺利完成。

4）受环境影响的行为：环境会影响交互行为，在一定的环境下，人与产品的某些交互会非常顺利，而当环境改变时，却很难完成。

5）可能出现误操作的行为：对于这类行为，在设计时必须采取必要的安全措施和限制条件，避免因误操作行为带来严重后果，关于这个问题，我们在下一章中也会谈到。

（2）交互方式的选择

人与产品的交互方式主要有数据交互、图像交互、语音交互、动作交互和人体行为交互等，设计时可针对目标用户的具体情况

图 3-15　技术支持下的交互行为，微软新一代电脑："Surface"

进行选择，如针对儿童的产品设计可选择图像和语音交互（图 3-16）。

4. 交互情境分析

情境是英文单词"Context"的意译，Context 是指上下文关系，在语言学范畴可译为"文脉"，在交互设计中，采用"情境"的译法更合适。交互系统中的情境可以分为物质和非物质情境两大类：

1）物质情境：是指人与产品间的交互行为发生时周围的物质环境，包括交流空间、照明条件和其他相关设施等；

图 3-16　飞利浦儿童交互产品设计

图 3-17　微软 "Surface" 的交互情境

2）非物质情境：这个又分为组织情境和社会情境两种情形。组织情境是指为用户与产品顺利进行交互所提供的管理、服务方式以及用户与服务提供商之间的关系；社会情境是指交互行为发生时周围的社会情况（图 3-17、图 3-18）。

5. 技术分析

这里所说的技术是指支持交互行为和实现产品功能所需的技术，包括硬件和软件技术。与交互行为有关的技术有：语音识别、图像和文字识别、信息可视化、虚拟现实、各种传感器、光控和声控技术等。

技术是产品的物质基础，工程师为了实现产品的功能需要了解和掌握技术的原理、特点和如何应用；而作为设计师也应该对当前可以利用的技术有较好的了解，才能很好地利用技术为设计服务。

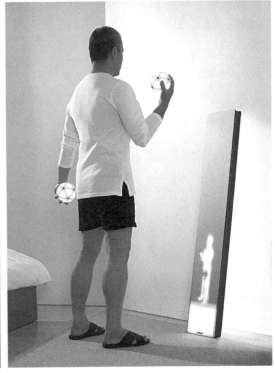

图 3-18　飞利浦健康类产品的交互情境

3.3 产品交互设计的原则、技能和方法

3.3.1 产品交互设计的原则

产品交互设计是一个崭新的领域，是原有产品设计的拓展和创新，其设计原则和方法都尚在不断地探索和发展过程中。在产品交互设计中，设计师需要知道：无论如何调整设计，用户与产品的交互过程都具有不能简化的元素；设计师可以通过将复杂度转移到产品内部的方法，简化用户的使用。这也就是用设计和制造的复杂性代替使用的复杂性，如将汽车的手动换挡改为自动换挡，这样换挡的过程就由产品来完成，复杂度发生了转移，从而简化了操作。上述方法与原则就是复杂度守恒的 Tester 法则。

关于产品交互设计还有其他一些法则：如费茨法则、神奇的数字 7 法则、Poka-Yoke 法则、设置反馈和前馈等，我们这里不再详细介绍，有兴趣的读者可以查阅相关资料，作进一步的了解。这些法则其根本目的是要提高产品的可用性，关于可用性问题，我们将在下一章中作详细介绍。可用性目标是交互设计的目标之一，因而可用性设计和交互设计的一些法则在内容上有不少相通之处。

3.3.2 产品交互设计的技能

产品交互设计在遵循一些法则的同时，还需要掌握必要的技能，Dan Saffer 在《为交互的设计：创造智能化的应用程序和聪明的设备》一书中提出了交互设计的一些技能，这里作一个简单的介绍。

1. 数据分析手段的表达

在产品交互设计过程中，作为交互设计师需要具有绘制下列图表来表达设计内容的技能：

1）线性流程图：过程随时间展开的一种顺序表示图（图 3-19）。

2）循环流程图：表示反复循环过程（图 3-20）。

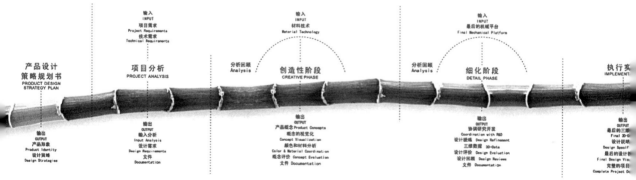

图 3-19　线性流程图

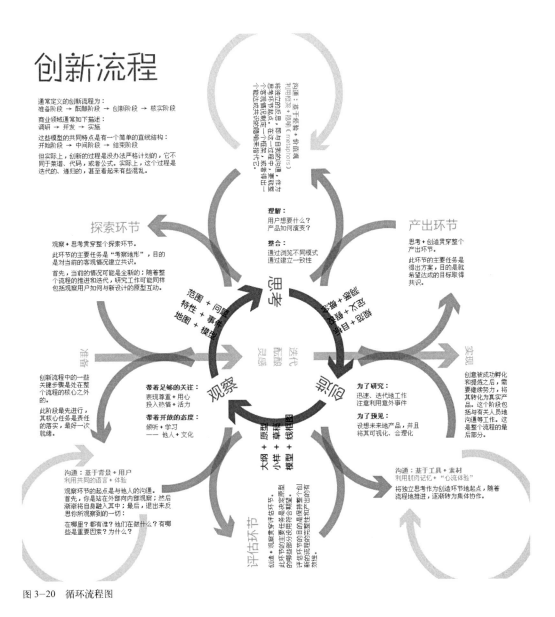

图 3-20 循环流程图

3）网状图：表示数据节点之间的联结关系，这种网状图可以用来表示产品概念的发散和细化（图 3-21）。

4）维恩图：又称文氏图，是英国逻辑学家维恩制定的一种图解方法，使用重叠的圆来表示集与集之间的关系和位置（图 3-22）。

5）矩阵图：矩阵图就是针对研究对象，找出影响对象属性的成对因素，再将成对因素排列成矩阵图，以确定关键点（图 3-23）。

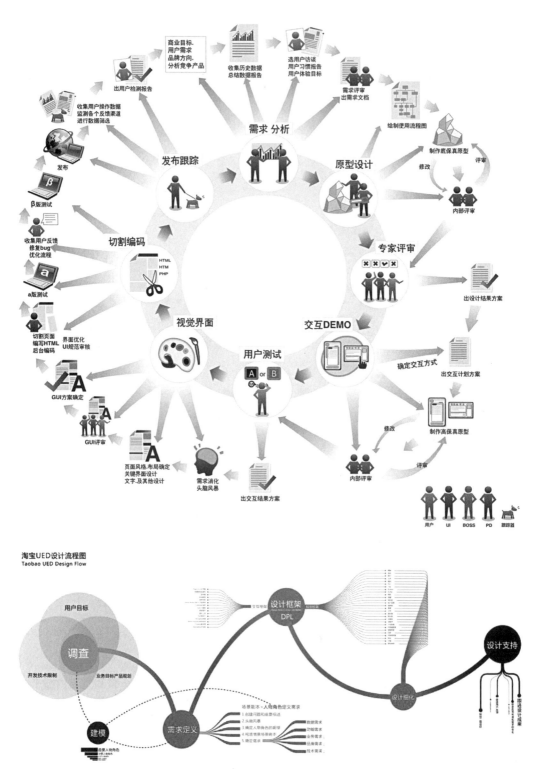

图 3-21　网状图

2. 情节的构思

在文艺作品中，描述以人物为中心的事件演变过程称为情节。在产品交互设计中，以情节的形式来设想用户在使用产品时的情形，同时表达设计概念。情节是关于使用产品和服务的故事，设计师使用情节将用户和产品置入场景中，显示人、产品、环境这三者之间的关系。情节是以文字为主构建的原型，类似于电影中的剧本。

3. 故事板的绘制

故事板也就是情节串联图板，相当于电影中的脚本。在产品交互设计中，故事板由

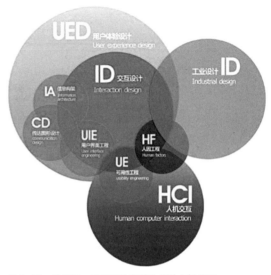

图 3-22 维恩图：交互设计与其他学科之间关系

一系列图板构成，可以根据情节直接绘出，常常以插画的形式出现，同时可以附上必要的文字说明。设计师通过创建故事板来说明使用中的产品或服务（图 3-24、图 3-25）。

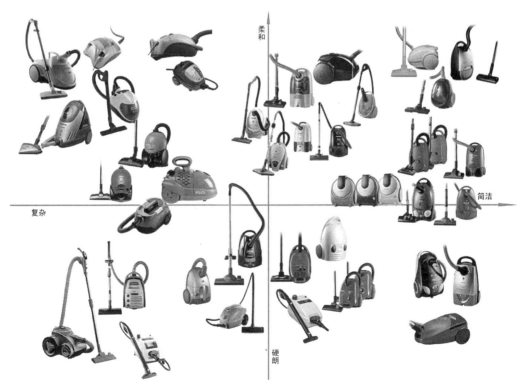

图 3-23 用矩阵图对产品进行定位

图 3-24　作品 "Pet Vision" 设计的使用场景图

图 3-25　关于一款摩托车设计定位的故事板

4. 情绪板的创建

情绪板是用来探索产品和服务的情感画面，设计师可以充分利用图像、文字、色彩、印刷品以及其他可用的方法，用手工或电脑精心制作一些拼贴画，用于启发思路或表达一定的设计意图。

3.3.3　产品交互设计的方法

产品交互设计是一个团队行为，设计交互式产品的开发团队往往由多学科知识背景的人员构成，通常包括项目管理人员、市场调研人员、工业设计师、界面与交互设计师、软件工程师、人机工程专家、电子工程师、机械工程师等。因此，多学科交叉、协作是交互设计的一个重要特征，也是设计成功与否的关键。

产品交互设计团队的任务是：确定目标用户（P）及其期望，了解用户的心理和行为特点，明确用户在同产品交互时的行为（A），选择支持交互行为的技术（T），评估用户在特定情境（C）中的交互行为是否顺利。下面简单地介绍一下交互设计的典型方法。

1. 迭代方法

从概念模型到实际设计是需要经过多个设计环节的，各环节之间的关系应该是迭代的。迭代原本是一个计算机术语，现在成为一种应用广泛的设计方法，主要的意思是指循环往复。迭代方法的步骤是：

第一轮：对问题的理解和明确用户的基本需求；

第二轮：更广泛地收集信息，包括用户需求、执行任务的方式、存在的问题；

第三轮：进一步明确用户需求，考虑多个概念模型方案；

第四轮：设计概念模型；

回到第一轮，进入新一个循环。

迭代方法不同于传统的串行式设计方法，后者也叫瀑布模型。迭代方法比较适用于大型的项目，能够在不断的循环往复中逐步明确需求与目标，最终完成设计。

2. 原型方法

原型可以是基于纸质的故事板、纸模型、泡沫塑料模型、木质模型及现代的快速原型等。在设计完成前，由于研发团队中不同专业背景的人存在"认知摩擦"，因而很难在每个成员心中形成统一的设计方案，所以建立原型可以使设计人员更好地明确设计任务和目标。这种建立原型的过程需要反复进行，设计在这个过程中实现不断改进。关于原型的内容，我们在第 4 章中还将进一步讲述。

3. 场景方法

这是一种结构化的设计方法，用于搜集和表示实地调查所得到的信息，并应用于设计。一般分为七个部分：

    1）场景询问：采用"学徒模型"（设计人员作为用户的学徒），设计人员在现场询问用户；

    2）建立工作模型：理解用户的工作，建立描述工作的模型，包括工作流模型、顺序模型、文化模型、物理模型；

    3）合并：合并各组模型，得到完整的用户工作模型，即对所有用户都有效的模型；

    4）重新设计；

    5）用户环境设计；

    6）制作模型及用户测试；

    7）投入运作。

    4. 目标导向法

    "目标导向"是由 Cooper 创建的交互设计方法，主要设计工具为人物角色、目标和情境。设计方法的基本思想是从目标用户入手，明确用户使用产品要求达到的目标，运用情境分析产品是否能达到用户的目的。具体包括以下几个步骤：

    1）确定人物角色：确定只为"一个人"的设计，通过确定人物角色，明确为谁做设计；

    2）确定目标：包括个人目标与实际目标，需要为目标进行设计而不是为任务设计；

    3）建立情境：情境是对角色如何使用产品达到自己目标的简要描述，对产品交互设计来说，包括日常情境和必要情境，前者指使用者需要执行的主要任务，后者指不常用，但是必须具备的情境；

    4）目标导向设计应关注中间用户：Cooper 将用户分为初学者、中间用户和专家级用户。这三种用户呈正态分布，在使用产品的过程中三种用户群可能会发生转变，但数量最多、最稳定和最重要的还是中间用户，没有人愿意长期做初学者，要么变为中间用户，要么放弃。

    5. 横向思维方法与创意

    纵向思维是一种传统的逻辑思维，是一种以串行为主的思维模式。横向思维是英国剑桥大学的爱德华·德·波诺教授针对纵向思维提出的一种方法。横向思维者对问题本身进行设问、重构，它倾向于探求事物的所有不同的方法，而不是简单地接受最有希望的方法。横向思维方法对问题本身产生多种发散性的选择方案；对头脑中冒出的新主意不要急于进行是非判断；反向思考，用与已建立的模式完全相反的方式思维，以产生新的想法；对他人的建议持开放态度，让一个人头脑中的主意引发另一个人的思考，形成交叉刺激；扩大接触面，寻求随机的信息刺激，以获得有益的联想和启发等。

    Cooper 认为，采用横向思维方法可以冲破理性的束缚，因而他提倡在产品交互设计中用横向思维方法来建立产品概念：假设所有事情都有可能，同时避开所有假设条件，可以更清晰地看到角色和目标，想出用传统方式无法解决的方案。

　　关于产品交互设计的方法，许多大公司如诺基亚、飞利浦、IDEO 等，都有自己的一套有针对性的解决方案，虽然略有差别、各有特点，但其本质都是以用户为中心的设计方法（图 3-26、图 3-27）。

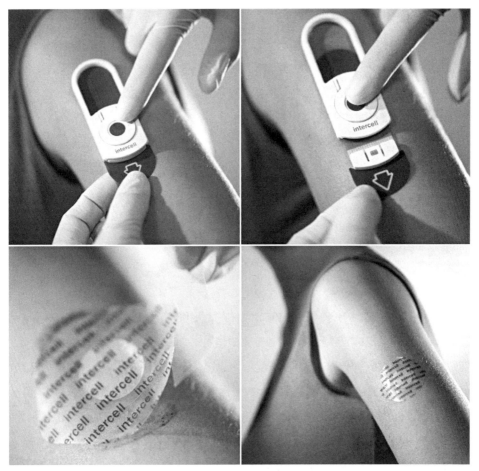

图 3-26　IDEO 为 INTERCELL 开发的皮肤渗透型免疫接种方式

图 3-27　IDEO 为新西兰航空打造的长途旅行体验

3.4　产品界面与交互技术的发展及应用

随着科技的发展，越来越多的产品嵌入了计算机技术，具有了计算机的功能和特点，人与产品的界面及交互方式正经历着前所未有的变革。

为了适应这种变化，出现了多通道用户界面与交互技术。通过不同通道与计算机系统（或内嵌计算机技术的产品）进行通信的用户界面，称为多通道用户界面，其中包括视觉、听觉、触觉、动觉、言语、手势、表情、眼动或神经输入等。

多通道用户界面与交互技术基于眼动跟踪、语音识别、手势输入、感觉反馈等新的交互技术，允许用户利用自身的感觉和认知技能，使用多个交互通道，以并行、非精确的方式与产品进行交互，旨在提高人与产品间交互的自然性和高效性。

计算机技术和产业的发展，在很大程度上影响了产品界面和交互设计的发展。多通道界面的构想早在 30 多年前就已经出现，当时 Nicholas Negroponte 提出了"交谈式计算机（Conversational computer）"的概念，人可以用日常生活中相互交流的方式与机器进行交互。

19 世纪 80 年代后期以来，多通道用户界面（Multimodal User Interface）成为交互技术研究的崭新领域，在欧美受到了高度重视；到了 90 年代，关于多通道的研究开始蓬勃发展，大量的研究报告和论文开始涌现。我们下面简要地介绍几个与多通道交互相关的技术。

1. 眼动跟踪

外界信息的 80% 是通过视觉获得的，当前软硬件界面所用的交互技术几乎都离不开视觉的参与。

眼动在人的视觉信息加工过程中，起着重要的作用。它有三种主要形式：跳动、注视和平滑尾随跟踪。通过对视觉——眼动系统的研究，可以得知人在观察各种外景和屏幕信息时的扫描选择和注视过程，从而研究人的视觉感知和综合机理；并在多批量、多目标、多任务情况下，对不同位置、大小、颜色、速度的目标的眼动敏感度、延迟、反应速度等具体特性有深入细致的了解，同时通过对眼动规律的研究还能觉察到人的疲劳状况。

眼动跟踪技术及装置有强迫式与非强迫式、穿戴式与非穿戴式、接触式与非接触式之分。眼动追踪的基本工作原理是利用图像处理技术，使用能锁定眼睛的特殊摄像机，通过摄入从人的眼角膜和瞳孔反射的红外线连续地记录视线变化，从而达到记录分析视线追踪过程的目的（图 3–28 ～ 图 3–30）。

有关视觉输入的用户界面研究主要涉及两个方面：一是视线跟踪原理和技术的研究；二是在使用这种交互方式后，用户界面与交互设计原理和技术的研究。目前，三星 Galaxy S3 和 Galaxy Note II 手机的 Smart Stay 功能已经利用了视线跟踪技术，当使用者的视线停留在手机屏幕上时，屏幕就不会关闭，这是一个非常人性化的设计（图 3–31）。

图 3-28　眼动跟踪的基本原理　　　　　　　图 3-29　电影《钢铁侠》很好地描绘了未来眼动技术的利用

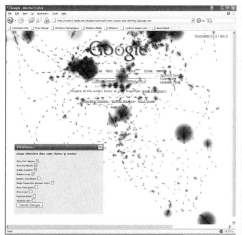

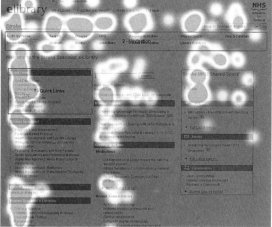

图 3-30　眼动跟踪所记录的视觉热点

Smart stay

With the innovative smart stay feature, GALAXY S III automatically recognizes when you are looking at the phone, whether it is to read an e-book or browse the web. The front camera looks deep into your eyes and maintains a bright display for continued viewing pleasure. What a bright idea.

图 3-31　三星手机的 Smart Stay 功能

图 3-32 谷歌"拓展现实"眼镜

2. 三维交互

三维交互设备可以分为两大类：三维显示设备和三维控制设备。

常见的三维显示设备有头盔式显示器和立体眼镜等。头盔式显示器采用立体图绘制技术来产生两幅相隔一定间距的透视图，并直接显示到对应于用户左、右眼的两个显示器上。新型的头盔式显示器都配有磁定位传感器，可以测定用户的视线方向，使场景能够随着用户视线的改变也作出相应的变化。

谷歌于 2012 年在其社交网络 Google+ 上公布了命名为"Project Glass"的电子眼镜产品计划。谷歌眼镜包括了一条可横置于鼻梁上方的平行框架、一个位于镜框右侧的宽条状电脑，以及一个透明显示屏。这款高科技眼镜拥有智能手机的所有功能，镜片上装有一个微型显示屏，用户无须动手便可上网冲浪或者处理文字信息和电子邮件，同时，戴上这款"拓展现实"眼镜，用户可以用自己的声音控制拍照、视频通话和辨明方向（图 3-32）。

所有三维空间控制设备的共同特征是至少能够控制六个自由度，对应于描述三维对象的宽度、高度、深度、俯仰角、转动角和偏转角。常见的三维控制设备有数据手套、跟踪球、三维探针、三维鼠标及三维操作杆等，为用户提供了多种三维交互手段（图 3-33～图 3-35）。

随着显示技术的发展，裸眼三维显示技术也逐渐进入人们的视野。麻省理工学院媒体实验室最近公开了他们关于裸眼 3D 技术的研究成果。这项称为"Tensor Display"的技术将大幅度降低裸眼 3D 设备的成本，这项技术的关键是使用低成本的面板，并且加入智能软件控制，使得图像看起来具有景深效果，就像真实的 3D 物体一样。这项技术使用了

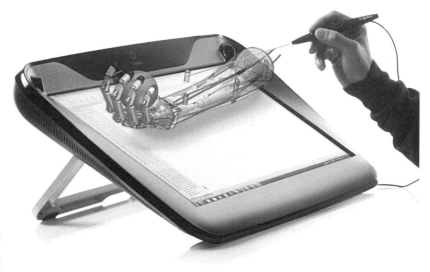

图 3-33　一款新的
三维可视化工具，方
便设计师、工程师和
制造者操作、观察和
沟通

图 3-34　电影《阿
凡达》场景中利用全
息投影所形成的三维
交互

图 3-35　电影《钢
铁侠》场景中利用全
息投影所形成的三维
交互

3层堆叠的液晶面板，每个液晶面板会显示不同维度的像素点，每层面板轮流显示四次，再通过软件的处理，最终观众不用戴眼镜就可以看到立体的画面。不过这种技术也有弱点，就是不太适用于比较明亮的环境。

3. 手势识别

以手势体现人的意图是一个非常自然的方式，一个简单的手势包含着丰富的信息，将手势运用于计算机能够很好地改善人与产品交互的效率（图3-36）。

图3-36　可以用手势进行操作的东芝液晶电视

手势是指人的上肢（包括手臂、手和手指）的运动状态。人们对手势作了不同的分类：交互性手势和操作性手势，前者手的运动表示特定的信息（如交警的指挥手势），后者不表达任何信息（如转动方向盘）；自主性手势和非自主性手势，后者与语音配合以加强或补充某些信息；离心手势和向心手势，前者主要针对说话人，有明确的交流意图，后者只是反映说话人的情绪和内心的愿望。

手势的各种组合、运动相当复杂，因此，在实际的手势识别系统中通常需要对手势作适当的分割、假设和约束：

如果整个手处于运动状态，那么手指的运动和状态就不重要；

如果手势主要由各手指之间的相对运动构成，那么手就应该处于静止状态。

利用计算机识别和解释手势输入是将手势应用于人与产品交互的前提和关键。我们常用的鼠标或输入笔当利用其运动或方向变化来传达信息时，也可看做手势表达工具，目前笔式交互设备发展很快，它提供了丰富的交互信息，如压力、方向、旋转和位置信息。数据手套也是实现手势输入的重要工具，它是虚拟现实系统中广泛使用的传感设备，用户通过数据手套，与虚拟世界进行各种交互操作，如做出各种手势向系统发出命令。数据手套可以较精确地测定手指的姿势和手势，但是相对代价较为昂贵，并且有时会给用户带来不便（如出汗）。另一种有着很好前景的技术是计算机视觉：即利用摄像机输入手势，然后由电脑进行处理、分析和解释，再执行相应的命令和操作。这个技术对用户的干扰小，目前在一些领域已经有所应用。

在目前流行的智能手机或者平板电脑的使用中，用户可以通过手指在触摸屏上作出一定的滑动操作，实现特定的功能，这也是一种手势识别的应用，随着大屏幕掌上智能终端的普及，这种应用变得日益普遍（图 3-37）。

图 3-37　身体姿势识别在交互式游戏中的使用

4. 语音识别

对机器识别语言的研究，可以追溯到 20 世纪 50 年代。1952 年美国的 Davis 等人成功开发了世界上第一个识别 10 个英文数字发音的实验系统。用语言与机器进行自然的交互，需要对语言的声学和符号学结构，以及相互交流的机制和策略进行研究。

最近 10 多年里，语音识别技术的显著进展，带来了高性能的算法和系统。一些系统开始从实验室演示变为商业应用，目前语音识别已经在金融、电信、旅游、娱乐、军事等多个方面得到广泛的运用。

计算机语音识别过程与人的语言识别处理过程基本上是一致的。目前的语音识别技术主要是基于统计模式识别的基本理论，语音识别的过程大致是先提取特征语音，然后与计算机内部的声学模型进行匹配与比较，进而得到最佳识别结果（图 3-38）。

图 3-38　具有语音识别功能的 Siri

除了上面提到的一些交互技术之外，还包括手写识别、脸部识别、表情识别、自然语言理解等技术。其中手写识别我们比较熟悉，目前的应用已经非常广泛，很多有触摸屏的手机、导航仪等产品都具有手写输入功能；脸部识别也已经在照相机、监控系统等方面应用；表情识别和自然语言理解相对比较复杂，但是随着人工智能和信息技术的发展，对于这些方面的研究也在不断推进，并取得了一些初步的成果（图 3-39）。

图 3-39　具有笑脸识别功能的数码产品

多通道用户界面的相关技术目前已经得到了较广泛的运用，随着研究的进一步深入，产品界面与交互方式必将被更深刻地改变。未来的发展趋势是多通道—多媒体用户界面和虚拟现实系统，从而最终将进入"人机和谐"的多维信息空间和基于"自然交互方式"的最高形式。

产品界面与交互技术发展的趋势体现了对用户的重视，使人与产品交互的方式更接近于自然的形式，使用户能利用日常生活中的自然技能，而不必经过特别的学习就能和产品等对象进行交互，因而很好地降低了认知负荷，提高了工作效率，体现出"以用户为中心"、"以人为本"的设计思想。

Norman 在其新书《The Design of Future Things》中总结了四条机器与人交流的法则：让事情尽量简单、给人类一个清晰的概念模型、给出理由、让人们认为自己掌握可控力、持续的信心，这些法则给了我们很多启示。

"最好的界面是没有界面"，"交互设计者的任务是创造一个能够充分展现人们生活的舞台"（Matt Jones 和 Gary Marsden）。未来的产品在实现功能的同时，将逐渐"消隐"，使人重新成为生活舞台上的真正主角。

第4章 | 产品可用性研究与通用设计

产品的可用性和通用性问题都强调要以用户为中心进行设计。可用性问题是产品设计的重要方面，它关系到人在使用产品时的效率与感受；通用设计与可用性研究有着密切关系，它的实质是为广泛的人群提供更好的可用性，为所有人进行设计是通用设计的基本思想。

4.1 产品可用性研究

4.1.1 产品可用性问题的产生

1. 用户任务模型与产品使用中的"鸿沟"

产品的设计并不只是一个静态的呈现，产品在被使用的过程中，需要不断地与用户进行交互，因而优秀的设计必须考虑到用户使用产品的全过程，即用户任务模型。用户任务模型也就是操作过程模型，是指用户为了完成某种任务所采取的有目的的行动过程。

要做一件事时，首先需要明白做这件事的目的，即行动目标；然后，必须采取行动，自己动手或是利用其他的人和物；最后，还得看看自己的目标是否已经达到。Norman 将人使用产品所采取的行动分成目标、执行、评估三个部分，具体包括七个阶段（图 4-1）：

1）确定目标；

2）确定意图；

3）明确行动内容；

4）执行；

5）感知外部世界状况；

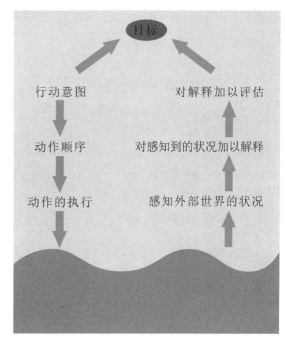

图 4-1　行动的七个阶段

6）解释外部世界状况；

7）评估行动结果。

其中，执行阶段包括：行动意图、顺序和执行；评估行动阶段包括：感知、解释和评估。

人使用产品所采取的行动中，在执行和评估阶段分别存在着"鸿沟"。

执行阶段的鸿沟是指用户意图与可允许操作之间的差距。某种产品的操作方法是否与用户所设想的操作方法相一致？衡量这一鸿沟的方法之一就是看某种产品能否让用户轻松直接地做他想做的，是否提供了符合用户意图的操作方法。

评估阶段的鸿沟反映出用户在解释产品工作状态、决定自己所期望的目标和意图是否达到时需要作出的努力。如果用户很容易得到，并可轻松地解释产品提供的有关运行状态的信息，同时这些信息与用户对产品的看法又相一致，那么，这一产品的评估阶段的鸿沟就很小。

2. 产品使用中的"失误"

除了上面提到的产品使用中的"鸿沟"之外，另一个重要的问题是使用中的"失误"。人们在使用产品时，即便是很认真地操作，也难免会产生失误，何况用户操作产品的行为并不都是在理想的状况下发生的，事实上，在产品使用过程中，存在着许多"不理想"、非理性的因素，例如视觉错觉、感知能力限度、遗忘、情绪影响、外界干扰等，所以在操作中更容易出现失误。选择性注意的存在，也是出现失误的重要原因，选择性注意是指人若把注意力集中在一件事上，对其他事情的注意力就会减弱。当面包在烤面包机里面被烤糊时,情急之下,用户常常会把手指、叉子或刀子伸进烤面包机,把面包拽出来，而这样做非常危险，有些烤面包机内裸露的电热丝离顶部的开口非常近（图 4-2、图 4-3）。

图 4-2　选择性注意，常常使人顾此失彼

图 4-3　当出现一些紧急情况时，人容易出现错误操作

　　描述性失误是一种普遍的现象，比如在我们边谈话边吃饭时，有时会把夹来的菜放在酒杯里，而没有放到碗里。称这种失误为描述性失误，是因为发生失误的原因是对行动意图的内心描述不够精确，错误的对象与正确的对象之间越相似，就越可能发生描述性失误。一些不良的设计容易造成这种失误。把外形相同的控制键排列在一起为造成描述性失误创造了条件，本来想按某一按键，却把另一个相似的按键按了下来，这是经常发生的事情。

　　功能状态失误是另一种常见的失误。它常出现在使用多功能产品的过程中，因为适合于某一状态的操作在其他状态下则会产生不同的效果。如果物品的操作方法多于控制器或显示器的数目时，有些控制器就被赋予双重甚至多重功能，功能状态失误就难免会发生（图 4-4）。

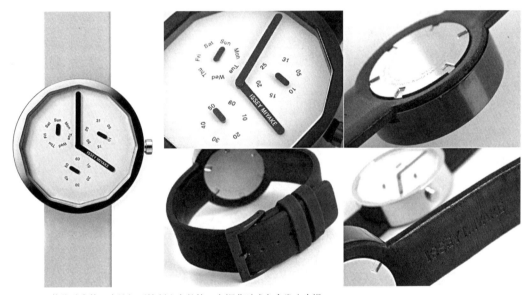

图 4-4　某些手表的一个旋钮要控制多个数值，在调节时难免会发生失误

　　在产品设计中，我们需要了解各种导致差错的因素，从而采取措施，防止失误的发生；如果错误已经发生，必须使用户能够比较容易地发现错误，并纠正错误，同时尽量降低错误的危害性。

　　3. 引入产品可用性研究的必要性

　　用户任务模型分析需要设计者站在用户的角度全面地考虑问题，目的是充分了解用户的一些真实需要和产品使用细节。不同用户的操作过程是不同的，因而用户任务模型也不尽相同，上文提到的行动的七个阶段，也不是所有的任务都必须经历的。作业研究是任务模型分析中最重要的一环。作业研究是把解决问题的过程分解成一步接一步的方式，并将结果用流程图表示，其中每一步构成一种活动。通过作业研究可以发现产品使用过程中的问题，并对作业系统进行改进或重新设计，从而设计出符合用户操作习惯的用品。

用户任务模型分析正是可用性研究的重要内容，对于产品可用性问题的研究直接有助于产品设计，为设计人员提供一套基本性的问题，以便检查该设计是否已将评估和执行鸿沟填平、是否已经避免了使用中容易产生的"失误"。在产品可用性研究中，我们需要提出一些问题，这些问题包括：

如何才能使用户做到轻松地确定某一产品的功能？

有哪些可能的操作？

具体如何操作？

如何才能建立操作意图与操作行为之间的匹配关系？

如何建立产品状态与用户解释之间的匹配关系？

用户如何知道产品所处的状态？

对这些问题的回答会对我们将要进行的产品设计产生重要的影响，是我们能否成功地完成产品设计的关键所在。

4.1.2　可用性的含义

可用性（Usability）本来是交互式 IT 产品／系统的重要质量指标，随着研究的深入，其应用的范围逐渐拓展。可用性指的是产品对用户来说有效、易学、高效、好记、少错和令人满意的程度，即用户能否用产品完成他的任务，效率如何，主观感受怎样，这些方面实际上都是从用户角度所看到的产品质量，因而是产品竞争力的核心（图 4-5）。

关于可用性的定义很多，目前比较常用并被业界和学术界普遍接受的是 ISO 9241-11 国际标准对可用性所作的定义：产品在特定使用环境下为特定用户用于特定用途时所具有的有效性（effectiveness）、效率（efficiency）和用户主观满意度（satisfaction）。其中：

图 4-5　欧翼式车门在开门和通过时所需要的空间相对较小，在较小的水平停车空间中有一定的优势，但对纵向空间的需求较大

1）有效性。指用户完成特定任务和达到特定目标时所具有的正确和完整程度。

2）效率。指用户完成任务的正确和完整程度与所使用资源（如时间）之间的比率。

3）满意度。指用户在使用产品过程中所感受到的主观满意和接受程度。

国外很多可用性专家也对可用性下了定义，这些定义有助于我们进一步认识和理解可用性。

"可用性包含两层含义：有用性和易用性。有用性是指产品能否实现一系列的功能。易用

性是指用户与界面的交互效率、易学性以及用户的满
意度。" —— Hartson（1998 年）

"可用性表示人们在使用产品完成工作时的速度
和容易程度。此定义基于以下几点：

1）可用性意味着以用户为中心。

2）人们使用的是人工产品。

3）使用者是试图尽快完成任务的人。

4）产品是否容易使用由使用者意见决定。"

——Janice（Ginny）Redish 和 Joseph Dumas

Jakob Nielsen 博士（图 4-6）在国际可用性工程
领域享有盛誉，被 Internet Magazine 称为 "the king of
usability"（可用性之王），被 The New York Times 尊
称为 "the guru of web page usability"（网页可用性的

图 4-6　Jakob Nielsen 博士

领袖）。他还创立了 "简化可用性工程"，用于快速低廉地改进用户界面。他还发明了包括 "经
验性评估" 在内的几个可用性方法。

Jakob Nielsen 对可用性作了全面的分析，认为可用性包括以下要素：

1）易学性（learnbility）：系统应该容易学习，从而用户可以在短时间内开始用它做某
些事情。

2）交互效率（efficiency）：系统的使用应当高效，因此当用户学会使用系统之后，可能具
有更高的生产力水平。

3）易记性（memorabiliy）：系统应当容易记忆，因此那些非频繁使用系统的用户，在一段
时间没有使用之后仍然能够使用系统，而不用从头学起。

4）出错频率和严重性（errors）：系统应当具有低的出错率，从而使用户在使用系统的过程
中能够少出错，在出错之后能迅速恢复，而且必须能够防止灾难性错误的发生。

5）用户满意度（satisfaction）：系统的使用应当令人愉快，从而让用户在使用时主观上感
到满意，喜欢使用系统。

作为一个涉及心理学、人机工程学、工业设计和计算机等学科的多学科交叉领域，可用性
工程（Usability Engineering）的研究和应用在国外已有几十年的历史。

可用性工程是交互式 IT 产品／系统的一种先进开发方法，包括一整套工程过程、方法、工
具和国际标准，它应用于产品生命周期的各个阶段，核心是以用户为中心的设计方法论，强调
以用户为中心来进行开发，能有效评估和提高产品可用性质量，弥补了常规开发方法无法保证

可用性质量的不足。

　　可用性工程的工业应用开始于 20 世纪 80 年代，最初主要是在一些大的 IT 企业，从 90 年代开始，可用性工程在 IT 工业界迅速普及。目前，国外主要的 IT 及家电企业包括 IBM、微软、诺基亚、飞利浦、西门子等都建立了规模较大的产品可用性部门，多数大型网站都有可用性专业人员，还出现了一批可用性工程的专业咨询机构。目前，IBM 在全球范围内设有 25 个可用性实验室，可用性部门已达 500 人规模，他们有个口号："可用性方面的投入是一本万利的"，可见 IBM 对可用性问题的重视。现在，可用性工程的应用范围还在不断拓展，从最初的软件、网站领域逐渐扩展到了实体产品，很多汽车企业也都开始进行可用性研究。在本书中，由于篇幅所限，我们更多地关注实体产品的可用性问题（图 4-7 ～图 4-9）。

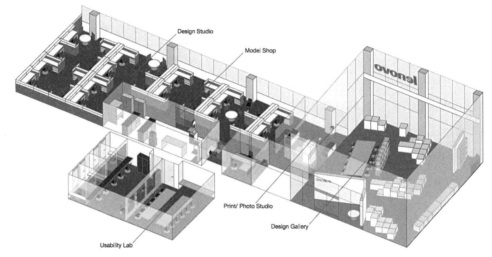

图 4-7　联想位于美国的 Morrisville 设计中心组成图（左下角为可用性实验室）

图 4-8　研究人员模拟老年人进行汽车的可用性测试

图 4-9　尼桑公司研发的具有"最佳"可用性的汽车内部设计

4.1.3　产品可用性设计的方法与程序

产品可用性设计强调设计开发过程中的用户参与，用户可以在现场研究中作为被观察和采访的对象，也可以在可用性测试中作为测试对象，或者直接参与产品的概念制定和原型设计。它包括用户需求分析（Analyze）、可用性设计（Design）、可用性测试与评估（Evaluate）和用户反馈（Feedback）等环节（图 4-10）。

1. 需求分析

任何一个成功的产品都是建立在对需求的准确分析之上的。以用户为中心的设计要求设计者在开始阶段就要发掘和定义那些直接关系项目成败的用户需求。

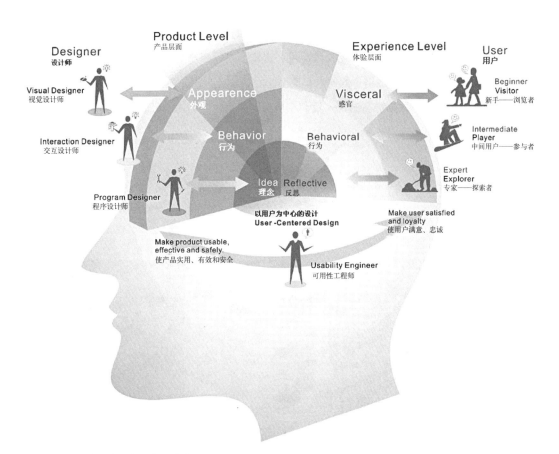

图 4-10　以用户为中心的设计系统框架

需求分析的步骤如下：

第一步，明确定义谁是真正的用户以及这些用户如何来使用这个产品；

第二步，定义用户使用产品的主要目标；

第三步，定义一个任务单，该任务单包含全部用户可能尝试去完成的任务；

第四步，用重要性程度对用户任务进行排序；

第五步，定义任务特性，如目标、完成时间、所需资源、可能产出、可变性、频率、适应性、体力和脑力负荷、相关的任务、安全性及危险程度等；

第六步，分析和分解任务，并为完成任务设置障碍；

第七步，定义在使用情境中的环境；

第八步，研究环境特性，包括物理环境以及组织环境；

第九步，基于用户任务和环境需求定义产品的功能需求。

需求分析阶段包括三部分的内容。

（1）用户研究

用户是产品成功与否的最终判断者，要想在设计和开发的过程中避免产品可用性不高的问题，使得所设计的产品达到最大的用户满意度，就需要在整个产品设计和开发的过程中执行以用户为中心的原则，时刻考虑用户的需求和期望。

关于用户及其行为的分析和研究，我们在前面已经讲过，其内容基本是一致的，这里不再赘述。

（2）情境设计

关于情境，我们在交互设计这一章中也已经做过介绍。基于情境的设计，是根据使用背景来提炼和描述系统未来的使用过程，帮助确定系统并为设计需求提供评估基础（图 4–11）。

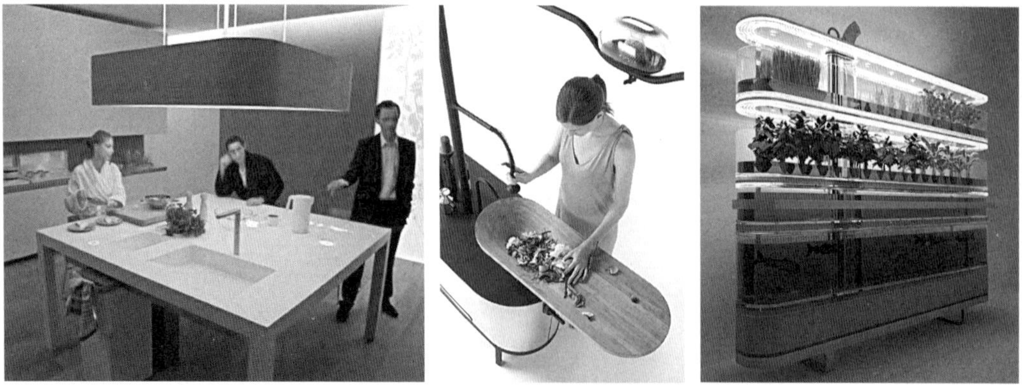

图 4–11　飞利浦在未来厨房趋势设计中所营造的情境

情境设计的步骤包括：

1）了解整体设置：确认系统的功能和目的；理解环境；确认参与方；确定他们的目标。

2）考虑主要活动：考虑一天的日常生活；考虑用户将会执行的步骤；考虑用户对出现问题的反应。

3）确定用户的行为和事件。

(3) 目标设定

所谓目标有两个层次：商业目标层次和用户目标层次。

从满足用户需要的角度来讲，项目的目标可能包括设计用户认定的主要功能、力争使用户满意等。但用户目标并不是产品或系统设计目标的总和，产品的生产者往往有各个方面的商业目标。有些商业目标和用户目标是相互促进、相辅相成的，在设定目标时，需要综合考虑商业目标和用户目标。

2. 可用性设计

(1) 概念设计

概念设计是建立在一组需求基础上的初步设计，其目的是将用户需求进一步转化为产品概念。概念可以分为两类：一类是指设计人员对产品进行的描述；另一类是指用户在了解、使用产品过程中形成的概念，这是用户对产品的理解。一个成功的设计，必须建立这两个概念间的对应关系。

可用性设计中的概念设计阶段，即要提出符合用户需求及设计者想法的设计概念。在前期用户需求分析的基础上，可用性设计者会产生若干个关于整体设计的构思和想法，设计概念正是针对这些基于感性思维的构思和想法所进行的归纳与精炼所产生的思维总结。因此，在设计前期阶段，可用性设计者必须对将要进行设计的方案作出周密的调查与研究，分析出用户的具体要求及整个方案的设计意图，同时结合对地域特征、文化内涵等的考虑，然后用设计师特有的思维方式找出其中的内在关联，进行设计的定位，从而形成设计概念。

概括地说，概念设计的基本步骤如下：

1）根据用户需求对产品概念进行定义；

2）生成多个概念；

3）对概念进行初步评估；

4）反复迭代，最后生成产品概念。

产品概念的定义可用文字、表格、草图和原型等多种形式表达，为了生成多个概念，通常可采用调查、专家咨询、专利和文献检索、网络搜索、同类产品比较、头脑风暴等方式进行。

（2）原型设计

关于原型，我们在前文已经做过介绍。原型是产品概念的形象化和具体化，是一个或多个维度上对产品的一种近似的和有限的表现形式。一个维度上的原型侧重于表达产品的某一属性，如主要表达产品外观的外观原型，主要用于验证产品功能的实验性原型等；多个维度上的原型则用于表达产品的多个属性。在产品可用性设计中，一般把这种帮助我们与未来的产品建立联系，从而获得体验和反馈，并发掘新概念和想法的设计过程，称为"原型设计"（图4-12）。

设计必须用一种可以被用户和其他相关人员容易理解的方法来呈现，原型设计的目标是让所有有关方面对未来的产品建立一个共同的理解。在设计过程中，需要使用能让所有用户和相关人员都容易理解的设计表现方式，在相互沟通的过程中，也需要尽量避免使用过于专用的术语，而要运用大家都能理解的语言，使得大家能够充分认识到这项设计在将来真实的使用环境下所产生的效果。

图4-12　鼠标设计原型

原型设计一般要遵循快速性、灵活性、有限性、侧重性的原则。原型设计有利于对产品概念的评估、降低开发成本；有利于激发创作激情和灵感、促进团队之间的交流，是整个设计过程的核心环节。

（3）评估测试

评估测试其实严格地说并不是一个独立的阶段，在概念设计、原型设计完成后，都需要进行评估测试，考察产品是否能达到可用性目标，以检验和完善方案，可以说，用户的评估与测试贯穿于整个设计过程，反复进行，直到设计方案满足评估测试标准为止。最有价值的反馈往往来自于最终用户对设计方案的评估和测试，这些反馈需要迅速地传递给可用性设计者，使他们能够根据这些意见和建议来改进设计方案。

（4）迭代设计

在概念设计之后，可用性设计者应建立概念设计的初步原型，同时进行用户测试，以评估所设计出来的概念原型是否符合用户真正的要求。

这一步骤体现了交互设计的特点，当然，这里讲的交互设计主要强调设计过程的交互性，与我们前面讲过的产品交互设计有所区别，产品交互设计主要强调对"交互式产品"的设计。

实际上，在需求分析之后，UCD 方法要求可用性设计者在进行每一步设计之中和之后都要与用户进行交流和测试，提出进一步的改进意见，同时指导下一阶段的设计工作，这就是前面提到的可用性设计的 ADEF 环，这是一个反复设计的循环过程。

3. 可用性测试与评估

（1）可用性测试的分类

可用性测试根据测试目的、需要获得数据的类型和测试规则等因素可以分为多种类型，一般包括：

1）基于测试目的：可用性测试根据测试目的可以分为反馈搜集型测试、对比型测试和绩效评估型测试等；

2）基于数据结果：可用性测试得出的数据结果包括行为和观点、客观和主观、定性和定量等几种；

3）基于使用规则：可用性测试根据使用规则可以分为正式测试和非正式测试两种。

（2）可用性测试的实验环境

1）正式的可用性实验室

许多用户测试是在有专门设备的可用性实验室中进行的，一个完整的可用性实验室由两个部分组成：测试室和观察室（图 4-13）。

可用性实验室里通常都有隔声的单面镜（从测试室一侧看过去是一面不透光的镜子，从观察室一侧看过来则像是一个普通的玻璃窗），用于隔开观察室和测试室，保证测试对象不被干扰。实验参加者在测试室内使用被测试产品、软件或网站，实验员和其他观测人员则在观察室里进行观察、记录和讨论，必要时实验员可以和实验参加者通过麦克风交谈。

有的可用性实验室会在主要的观察室后面再增加一个附属观察室，这样可以让其他观察人员在不打扰观察间的主要实验人员和可用性专业人员的情况下对测试进行讨论。

可用性实验室通常都装备有多台可以在观察间进行遥控的摄像机，这些摄像机可以用来显示测试的总体情况，也可以用来观察用户的面部、手部、键盘和屏幕等。在与计算机软件和网

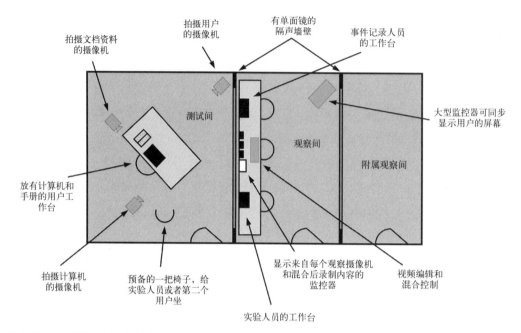

图 4-13　一个假设的典型可用性实验室的平面图

站相关的测试中，实验室中的计算机显示器和观察室里的显示器连在同一台测试用的计算机上，被测试者和软件界面交互的全部细节都同时显示在这两台显示器上。

　　在观察室里通常还有录像机、摄像机的控制器和图像合成设备，计算机显示器、摄像机和麦克风的信号被合成后可以记录在录像带上，对用户测试进行录像对许多需要研究交互行为的微小细节的工作是必不可少的。另外，可用性实验室里还可以配备一些其他的设备，用来监视用户和研究他们的行为细节，如眼动跟踪装置可以用来收集用户正在注视屏幕上的哪一部分的数据（图 4-14）。

图 4-14　可用性实验室实景图

2）便携式可用性实验室

便携式可用性实验室是一个可以放在手提箱里的实验室，它由最基本的计算机和录像、录音设备组成。一台笔记本计算机、一台普通的摄像机和一个三脚架就可以组成一个实验室；条件好一点的可以由一台笔记本计算机、一个扫描转换器、麦克风、简单的音像混合器及一台录像机组成，这样计算机显示的信号将会转换到录像带上，录像的质量会有较大提高。

该设备简便易用，可以很容易地把一个普通的会议室变成一个临时的实验室来进行可用性研究（图 4-15）。

图 4-15　简易的可用性测试

3）可用性信息亭

还有一种收集可用性数据的方法是采用可用性信息亭（Usability Kiosk），作为门厅调查方法的一部分，这是一种真正自助式的可用性实验室。所谓门厅调查方法就是把需要测试、调研的产品或系统放在类似于公司餐厅外这样一些人流很大的地方，用于收集来自用户和过路人的意见。可用性信息亭能借助自告奋勇的用户来自动进行可用性测试，这种方法比较适用于计算机软件界面方面的测试，通过向用户提供运行着测试界面的计算机，给出各种不同的测试任务，记录他们完成任务的时间和提出的所有意见。

（3）可用性测试的步骤

根据测试对象的不同，可用性测试的过程有一定的区别，一般来说，分成以下几个主要的步骤：

1）制订测试目标和测试计划；

2）选择测试人员与测试对象；

3）设计测试任务；

4）进行测试：这个过程具体又分为准备、介绍、测试和事后交流这几个阶段；

5）绩效度量。

（4）可用性测试的方法

常用的可用性测试方法主要有用户参与的可用性测试和专家参与的可用性测试两大类。

1）用户参与的可用性测试方法

①边做边说法（Think-Aloud）

采用边做边说法的测试就是让测试用户在使用产品或系统的同时把他们的想法大声说出来。通过测试用户对自己想法的描述，就能够了解他们对产品或系统的看法，还能很容易地确定用户对产品或系统的使用有哪些误解。

边做边说法的优点是能从很少量的用户那里收集定性数据，主要缺点是它并不适合大多数类型的绩效度量。

边做边说法的一种变形叫做协同交互，就是让两个测试用户同时使用一个系统。该方法的测试形式比只用单一用户进行的标准边做边说测试显得更为自然一些。

②观察法

观察用户使用产品的方法，通常包括用户测试法和使用记录法。用户测试法一般在实验室里进行，使用记录法则是观察用户的使用记录。

观察法是所有可用性测试方法中最简单的方法，它只需要访问一个或几个用户，让他们使用产品或系统，而观察人员尽量什么也不要做，要尽量减少对用户的打断，以免干扰他们的工作。观察人员可以适当地记笔记，也可以使用录像机进行录像。

观察用户自己进行操作时可以从中发现一些设计人员所没有想到的操作方式，这些对于查补漏洞、改进设计具有重要意义。

③用户调查法

包括问卷调查法和用户访谈法，可在用户使用了产品或系统之后，调查用户满意度和发现产品或系统的可用性问题。这两种方法属于间接测试法，两者都不用对产品或系统本身进行研究，而只是研究用户对产品或系统的看法。问卷调查可以是纸面印刷品，也可以是计算机环境下的交互式调查问卷；而访谈需要有一名采访者，由他对受访者提出问题，并记录受访者的回答。

④焦点小组

焦点小组是一个非正式的方法，用来在设计之前或经过一段时间使用之后评估用户的需要和感受。在焦点小组中，请大约6～9个用户在一起讨论新的概念并摸清一些问题，每个小组中有一个主持人，负责使小组的讨论集中在感兴趣的焦点话题上。

焦点小组所采用的方法是基于询问用户想要什么，而不是去衡量或观察用户实际使用的情况，在小组成员之间的交互过程中，常常会流露出用户的自然反应。

2）专家参与的可用性测试方法

①启发式评估（经验评估）

在启发式评估的过程中，可用性专业人员根据已有的可用性原则，对产品或系统进行逐一评估，并判断其与已知可用性准则的符合程度。

Jokob Nielsen 的启发式原则包括：

美观和最小化设计；

系统和现实世界相匹配；

运用再认而不是回忆；

一致性和标准化；

系统状态可视化；

用户控制和自由度；

使用的灵活性和效率；

帮助用户识别、诊断、恢复错误；

错误预防；

提供帮助和文档。

②认知走查法（Cognitive Walkthroughs，CW）

认知走查法简单来说就是可用性专业人员将自己"扮演"成用户，通过一定的任务对产品或界面进行检查评估。该方法是通过分析用户的心理加工过程来评价使用界面的一种方法，最适用于界面设计的初期。分析者首先选择典型的工作任务，并为每一任务确定一个或多个正确的操作序列，然后走查用户在完成任务的过程中在什么方面出现问题并提供解释。

认知走查法评价的对象可以是产品的界面、一般界面的设计，甚至可以是某一界面设计的原型，被广泛应用于包括飞机驾驶员座舱等领域的评价。

以上介绍的可用性方法是相辅相成的，它们分别用在可用性工程生命周期的不同阶段，另外，它们都有各自的优缺点，可以在某种程度上相互弥补，因此我们要强调可用性方法的互补性。

4. 用户反馈

用户反馈可以成为有关可用性信息的主要来源。用户往往会对他们使用的产品或者系统提出意见和建议，包括不满和抱怨，这是用户的主动反馈；同时，应该选择一组有代表性的用户对他们进行观察和提问，作为对主动反馈的补充。

在进行产品或系统的设计时，可以通过设置某种方式，使用户能够在对产品或系统的使用感到不满时，直接将抱怨传递给开发团队，宣泄自己的受挫情绪。这种方式对于联网的系统来说比较容易实现，对于单独使用的产品，可以让用户访问专门的电子邮件地址、网络新闻组或公告栏来倾诉对产品的不满、赞扬以及提出对产品改进的建议，以此获得用户反馈，当然这个方法同样适用于联网的系统。

无论采用什么方法收集用户反馈的信息，重要的是要让那些遇到问题并对此提出意见的用户感到他们的反馈受到了重视，应该在收到用户反馈后立刻表示感谢。

4.1.4　产品可用性设计的相关原则

产品的可用性研究是跨越产品和用户之间的鸿沟、减少操作失误的重要手段。在《The Design of Everyday Things》一书中，Norman 对产品的易理解性和易操作性问题进行了深入的阐述，并总结了一些非常有用的设计原则。Norman 在书中提到："当你在使用某物品时遇到麻烦，那不是你的错，而是设计出了问题。"这是每一个设计师都必须记住的忠告。

1. 提供正确的概念模型

在前面我们已经提到过概念设计和原型设计，我们这里要讨论的概念模型和它们有着密切的关系，它是设计中的一个重要概念——心理模型的一部分。

心理模型是指人们通过经验、训练和教导，对自己、他人、环境以及接触到的事物所形成的模型。一种物品的心理模型大多产生于人们对该物品可感知到的功能和可视结构进行解释的过程中。

人们习惯于对事物按自己的理解加以解释，这就形成了针对事物作用原理、方式和事件发生过程的一种概念模型。概念模型是一个重要概念，在人类进行事物的解释中发挥着重要作用。根据概念模型可以演绎出所需的行动细节，从而简化学习过程，把事物或看似无规律的动作经过解释后，赋予某种意义会使使用和操作变得自然。

概念模型分为设计模型和用户模型。设计模型是指设计人员所使用的概念模型，是设计人员头脑中对产品的概念；用户模型是指用户所认为的该产品的功能、操作方法，它是用户在与产品交互的过程中形成的概念模型。设计模型和用户模型通过系统表象这一媒介建立联系，系统表象基于系统的物理结构（包括用户使用手册和各种标识），是物品的可视部分（图 4-16）。

设计人员希望用户模型与设计模型完全一样，但设计人员无法与用户进行直接交流，必须通过系统表象这一渠道。如果设计人员设计的系统表象不能清晰、准确地反映出正确的设计模型，用户就会在使用过程中建立错误的概念模型，因为用户必须通过产品的外观、操作方法、对操作行为的反应，以及用户手册来建立概念模型，同时用户模型的建立也与使用环境、用户的知识水平和精神状况等因素有关（图 4-17）。

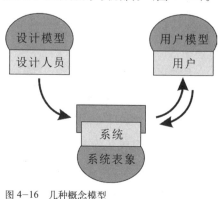

图 4-16　几种概念模型

图 4-17　开门时该把手不知道应该如何操作，让人困惑

在很大程度上，一个好的产品是不需要用户手册的，当然，对于一些复杂的产品来说，重要的功能还是需要用户手册来辅助说明。但对设计师来说，首先需要考虑如何简化、合理化产品的使用，通过巧妙的设计或新技术对复杂的操作进行重组，简化用户任务的结构。

要想明白某种物品的使用方法，我们必须知道该物品工作原理的概念模型。对很多产品来说，用户没有必要了解它们的物理和化学原理，所需要了解的是控制器与操作结果之间的关系。一个正确的概念模型使我们能够预测操作行为的效果，如果产品提供的概念模型不全面，或是错误，我们在使用该产品时就会有困难。要想使用户建立正确的概念模型，就必须首先在设计时提供正确的概念模型，正确的概念模型的确立，是优秀设计的一个关键环节（图 4-18）。

图 4-18　新型两轮交通工具的行车控制方式与人的自然行为相匹配

需要特别说明的是，人们在使用产品的过程中，会逐渐积累一些经验，形成关于某些产品或功能使用的一些固定的概念模型，设计人员在制定设计模型时，必须考虑到这一点，才能使设计模型与用户模型相匹配。

中国大陆在道路行驶上采用靠右行驶规则，"文化大革命"期间，一些城市的红卫兵认为"靠右行驶"的规则是"走右倾（资本主义）道路"，因此下令车辆靠左行驶，同时规定红灯通行、绿灯停车。这两项措施导致道路交通规则与人们脑子中已有的概念模型完全不同，因此在短时期内造成了大量的交通事故，不久即被废止。

关于产品设计中的概念模型问题也涉及产品语意学，它从另一个角度对类似的问题进行了阐述，有兴趣的读者可以就这方面的问题作进一步的了解和研究。

2. 可视性

可视性是产品设计中的一项重要原则。所谓可视性是指关于产品的重要操作部位显而易见，并向用户传达出正确的信息，控制和被控制之间的匹配关系以及操作信息的反馈清晰自然，设计意图、操作步骤和操作结果之间的关系具体而明确，整个系统易于被用户理解。

人们在首次使用某种产品时，都会有些疑问：应该握住产品的哪个部位？对哪些部位进行操作？哪些部件是可移动的，哪些是固定的？是进行推、拉、按、拧、触摸还是敲击？如果用户不能很好地回答上述问题，他就很难对产品进行正确的操作。

操作的可视性为用户提供了操作上的明显线索，设计人员应该突出需要用户观察的重要部位，并让用户很快看到每一个操作动作的结果。如果产品的设计符合可视性原则，用户一看就能知道产品的各项功能以及各个控制器的作用，从而无须借助任何的图解、标志和说明（图4-19、图4-20）。

3. 反馈原则

反馈原则和可视性原则有一定的关系，提供反馈就是使操作的结果变得可感知，这其中也包括"可见"。

反馈是控制科学和信息理论中一个常用的概念。其含义为：向用户提供信息，使用户知道某一操作是否已经完成以及操作所产生的结果。试想你在和一个人谈话，但却听不到对方的声音，或者你在用笔画画，但却看不到任何笔迹，这两种情况都是缺乏信息反馈。用户的每一项操作必须得到立即的、明显的反馈，反馈可以告诉用户产品的运转是否正常，是否需要维修，甚至可以避免事故的发生。显示操作的结果是设计中的一个重要方面，如果没有反馈，用户便会琢磨自己的操作是否产生了预定的效果（图4-21）。

为某种操作提供的反馈可以是灯光、图像、声音、动作等多种形式，由于声音的传播没有方向性，所以常常作为反馈信息使用。声音应该反映机器的工作状态，尤其是那些用户看不到

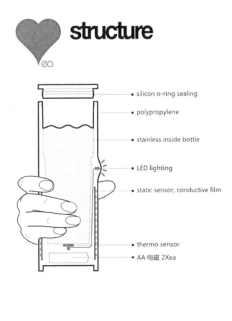

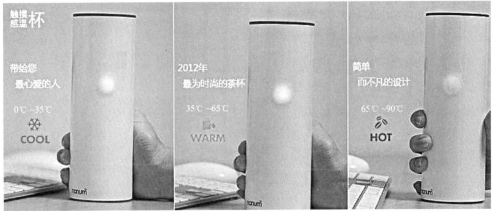

图 4-19　温馨的设计使杯子内的水温变得直观

图 4-20　汽车设计中将部分信息直接显示在挡风玻　图 4-21　利用光对操作进行反馈
璃上，增强了可视性

的操作过程。我们用的很多手机都设置有按键音，当我们按下一个键时，就会听到某种声音，以确认刚才的按键是否按到位；当打电话时，我们会听到各种不同的声音提示，通过这些声音，可以知道电话的工作状态（图4-22）。

很多产品的设计的确采用了可以发出声音的装置，但这些声音往往只是一个信号，而非真实的自然声音。自然的声音所传达的信息是很丰富的，可以提供很好的反馈信息。自然的声音可以反映出自然物体之间复杂的相互作用，例如物体组成部分之间摩擦的方式是怎么样的。自然的声音还可以告诉我们物体的部件是用什么材料制成的，是空心的还是实心的，是金属的还是木头的，是软的还是硬的，是粗糙的还是光滑的。根据两种物体相互作用时发出的声音，就可以判断它们是在撞击、滑动、破裂、撕开、塌陷，还是反弹。另外，物体的大小、软硬、质量、张力和材料等特性也会影响声音的性质；物体运转速度和距离上的差异同样会导致不同的声音。在设计中，我们可以充分利用自然声音的这些特质，提供多种反馈信息。即使在操作不能产生自然声音的情况下，有

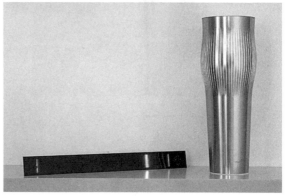

图 4-22　飞利浦 "MusicSpectrum" 设计，形成了音乐和光的互动，建立了一种反馈关系

时候通过模拟自然声音，也可以提供良好的反馈，数码相机的快门声，就是利用人造声音模拟真实快门声的一个很好例子，用户听到声音，就知道按下了快门。

声音的特性使它很适合作为反馈信息使用，如果有声音，即使人的注意力集中在别处，也可以听见，这是声音的一大优点，但同时也是缺点，因为声音常常会因此而起干扰作用，所以用声音作为反馈信息也要根据场合慎重使用。

4. 匹配原则

匹配是指两种事物间的关系，在此特指控制器、控制器操作及其产生的结果之间的关系。以汽车为例，在前进中，汽车方向盘的转动方向和汽车转向之间的对应关系是一个很好的匹配关系；但是人们在倒车时，对汽车的方向控制往往不是很自如，这是因为倒车时方向盘的转动方向和汽车转向之间的对应关系变得没有原来直接了。

自然匹配是匹配的一种特殊形式，是指利用物理环境类比和文化标准理念设计出让用户一看就明白如何使用的产品。设计人员可以利用空间类比概念设计控制器，如控制器上移表明物体也上移；为了控制一排灯的开关，可以把开关的排列顺序与灯的顺序保持一致。有些自然匹配则是文化或生理层面的，例如，升高表示增加，降低表示减少等。每个控制器都有适当的位置，一个控制器负责一项功能，这是一条基本的自然匹配原则，应当让用户清楚地看到控制器和操作方法之间的关系。

自然匹配可以减轻记忆负担，厨房电炉的炉膛和控制旋钮的排列就是最典型的例子。我们国内使用的煤气灶或者电炉大部分以两个灶眼或炉膛为主，旋钮和炉膛的控制关系相对直观，而国外一般的电炉有四个炉膛，如果匹配关系不明确，用户就不能马上断定哪个旋钮控制哪个炉膛。如果四个控制旋钮的排列是完全随机的，用户就得记住每一个旋钮对应的炉膛；如果应用恰当的、完全的自然匹配关系，使旋钮的排列和炉膛的排列保持一致，那么用户一看便知道是哪个旋钮控制哪个炉膛，这就是自然匹配的好处（图 4-23 ～ 图 4-25）。

室内照明中的电灯和开关的设置也有类似的问题。室内电灯通常是二维结构的，呈水平排列；而开关通常是一维线性结构，被安装在墙上的垂直平面上。用户得在脑子里将开关转至水平位置，才能将两者匹配起来，而目前开关的设计无法解决这一匹配问题。笔者曾经去参观一位老教授刚装修完的家，一进门就看到门口的电灯开关上贴着一个个标签，用来指示所控制的电灯，这不能不说是对设计人员的最好讽刺（图 4-26）。

匹配是所谓的"显控协调性"的基础，要想达到协调一致，就必须尽可能地保证控制器与控制对象之间存在直接的空间位置关系。

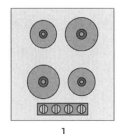 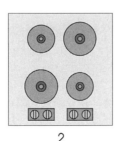 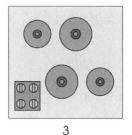 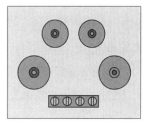

| 1 | 2 | 3 | 4 |

图 4-23 控制旋钮与炉膛之间的几种排列关系

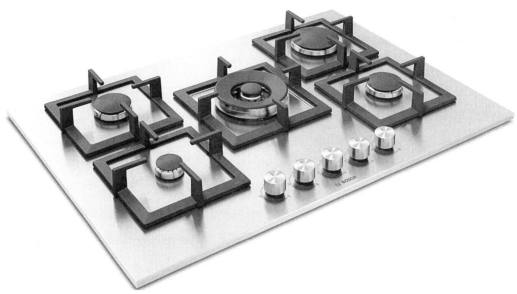

图 4-24　博世获红点奖的产品在一定程度上也存在操作的匹配问题

图 4-25　同获红点奖的该产品在操作匹配上相对　图 4-26　一处公共场所密集的电灯开关及其复杂的标识
较好

　　对于多功能的控制来说，将控制某一类功能的开关与控制另一类功能的开关安装在不同的
位置，或者使用不同类型的开关是解决组合问题的有效方法。把开关安装在不同的位置可以减
少误按的可能性，而若是使用不同形状的开关，用户单靠触觉就能找到开关的正确位置，从而
避免操作中的错误。

　　5.合理设置使用模式

　　设计与人类行为的互动有以下三种模式：预设模式、诱发模式和阻碍模式。

　　设计对行为的预设作用主要表现在通过设计师对产品功能上的有意识的设定，而对行为产
生引导作用。这一点比较好理解，每个产品都有基本的预设用途，大部分人都按照预设功能使

用产品。

在设计中，需要合理地设置预设用途，产品才能被合理地使用。产品的预设用途是指物品被人们认为具有的性能及实际上的性能，主要是指那些决定物品可以用来做何用途的基本性能。优秀的设计人员总是设法突出正确的操作方法，同时将不正确的操作隐匿在用户的视线之外。

产品的某些固有特性，也会影响人们对其预设用途的理解。英国铁路局发现他们用强化玻璃做外板筑起的旅客候车棚经常被人砸碎，后来，他们用三合板代替了强化玻璃，这种破坏公物的行为就很少再发生，尽管砸烂三合板与砸烂玻璃费的力气差不多，但人们顶多也就在三合板上写一些字。这说明材料的特性引发了人们的不同行为。

关于预设用途的问题和前面讲的第一个设计原则中的概念模型有一定的联系，提供某种预设用途，其实也就是提供了一种概念模型。

诱发模式指的是人们使用产品的方式是自发形成的，这种用途或使用方式往往不是设计师预先设定的。比如我们常常会把烟头、雨伞、拎包等东西随手放到干手机上，这是因为有些干手机顶部提供了一个平面，于是很自然地产生了这种行为（图 4-27）。

人的下意识行为是诱发模式产生的原因，深泽直人在谈到"意识的核心"时，探讨了人的下意识行为，他提到人们之所以会把牛奶盒放到铁栏杆上，是因为这个栏杆的方形和这个牛奶盒的形状一样；还有，有些人很容易把烟头灭在盲文板上，因为盲文刚好是一粒粒的，把烟头往上面一掐，这个功能正好起作用。他说东西是在无意识当中被使用的，所以需要在无意识的行为当中，引入我们的设计，把我们的设计体现在人们无意识的行为当中（图 4-28、图 4-29）。

其实，外界事物都有一定的潜在功能，我们会在需要的时候不自觉地应用。比如一个砖头，我们想打人的时候就是武器，想盖房的时候是材料，想登高的时候就会变成垫脚石。对产品来说，更是如此，据说一个回形针可以列举出上万种功能。

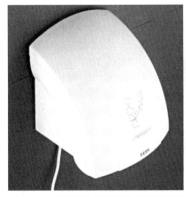  

图 4-27　顶部设计成弧形的干手机可以避免上述诱发模式的产生，其实质是设置了阻碍模式　　图 4-28　人们随手在栏杆上放置垃圾　　图 4-29　游客随手将垃圾塞在了树身的缝隙中

116

下意识的行为可以看做是一种模式匹配的过程，它总是在过去经验的基础上寻找与目前情形最接近的模式。某些事物之间会存在一定的相似性，相似使事物与事物产生了某种匹配，这种匹配性在潜意识中给人提供了暗示，导致了诱发模式的产生。在设计中，有时候我们需要防止这种模式的产生，因为诱发模式是对预设模式的干扰甚至破坏，产品的真正功能会因此而不能凸显，如上面提到的两个例子；但有时候，诱发行为也会使我们对熟视无睹的产品突然有了新的理解，往往因此产生一些好的设计（图4-30）。

阻碍模式是指产品在设计时不鼓励某种使用方式的发生，在设计中通过一些方法避免不希望出现的操作产生。阻碍模式其实质是在强化预设模式，使人的操作行为按照预想的方式进行，在这个过程中，设计者需要利用一些限制因素。

常见的限制因素包括以下几个方面。

图4-30 台湾科技大学学生设计的创意毛笔雨伞，是利用下意识行为所做的设计

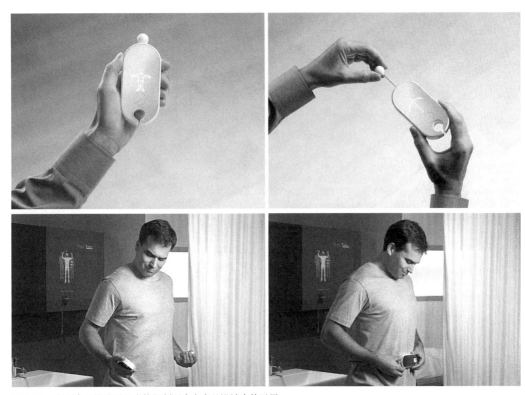

图 4-31　由形态和构造所形成的限制因素在产品设计中的运用

（1）物理结构上的限制因素

这是利用物理结构上的局限将可能的操作方法限定在一定的范围内。物理结构限制因素的价值在于物品的外部特性决定了它的操作方法，设计人员恰当地利用这种限制因素，就能有效地控制可能的操作方法。如果用户能够很容易地看出并解释物理结构上的限制因素，就可增强这些因素的设计效果，因为用户在进行尝试之前，就已经知道操作

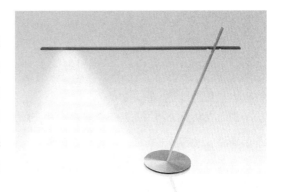

图 4-32　利用物理结构限制因素来调节台灯的使用方式

是否合理，这就可以避免错误的发生，如"十"字形头的螺钉旋具不可能去拧头部是"一"字形槽的螺栓，让人一看便知（图 4-31、图 4-32）。

（2）语意上的限制因素

语意限制是指利用某种情况的含义来限定可能的操作方法。语意限制依靠的是我们对情况和外部世界的理解，这种知识可以提供非常有效，且很重要的操作线索（图 4-33）。

（3）文化限制因素

一些已经被人接受的文化惯例也可以用来限定物品的操作方法。比如有些产品光从外观上我们很难看出正反、上下，但是通过产品上印的标签、文字的方向，我们就能马上明白。

（4）逻辑限制因素

在玩拼图游戏的时候，当我们拼到只剩最后一块，我们往往看也不看，就知道这一块肯定适合剩下的空缺，这就是一种逻辑判断。上面讲到的自然匹配其实应用的就是逻辑限制因素，在这类情形中，控制部件与产生结果的部件之间往往并无物理或文化准则可言，而只是存在着空间或功能上的逻辑关系。

限制因素的合理设置，使得预设用途得以更好地实现，同时也在很大程度上避免了失误的发生。

限制因素的应用方式很多，这里列举三种常用的形式。

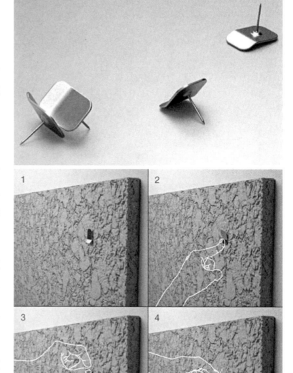

图4-33　易拔图钉，产品上翘起的部分很好地引导了操作

①设置强迫性功能

强迫性功能是利用某些方法来减少用户使用物品的操作可能性，或者当用户的操作或使用不正确时，用户就不能进行下一步的动作。

强迫性功能是一种物理性限制因素。电加热器和电风扇在倒地时，会自动切断电源，停止工作，这也是一种强制性功能，能够保证用户的使用安全。

在设计强迫性功能时，一定要认真考虑其后果，不要因为强迫性功能的设置而过大地影响产品的使用，否则会导致用户对产品的不满。我们都知道，汽车的安全带能够在发生事故时有效地保护人的生命安全，但很多人存在侥幸心理，讨厌系安全带。曾经有一段时间，按照政府规定，美国的汽车制造商试图为安全带设计一种强制性功能，即如果司机或乘客不系安全带，汽车就无法启动。很多用户对这种强迫性功能痛恨至极，他们请修车工把这个功能去除掉。面对这种情况，政府只能更改规定。所以，现在很多汽车在驾乘者没有系安全带时会提醒，但不

图 4-34　安全带能够对乘客的安全起到很好的保护作用，但是与舒适性有一定的矛盾，因而需要设置提醒

图 4-35　有些人为了避免上述安全提醒，在安全带插口中插入了替代的插片，这是一种很不安全的行为

至于不能发动（图 4-34、图 4-35）。

　　强迫性功能几乎总是会给用户带来不便，良好的设计应当尽量降低不便的程度，同时保留这种设计的安全性能，有效地防止不良后果的发生。

　　②防呆设计

　　防呆设计是设计中常用的一种方法，指连愚笨的人也不会做错事的设计方法，故又称为愚巧法。防呆设计能够消除人为错误，使人在作业的过程中即使稍不注意，也不会发生错误，把事情做得很好（图 4-36）。

图 4-36　开瓶器的形态设计避免了错误操作

防呆法有三方面的含义：

- 具有即使有人为疏忽也不会发生错误的构造——不需要注意力；

- 具有外行人来做也不会错的构造——不需要经验与直觉；

- 具有不管是谁或在何时工作都不会出差错的构造——不需要专门知识与高度的技能。

现在的电脑非常容易让普通人DIY (Do It Yourself)，这一方面得益于电脑元件的高度模块化，另一方面的原因就是电脑元件的插接有很多采用了防呆设计，使没有专业知识的人也不会发生插接错误（图4-37）。

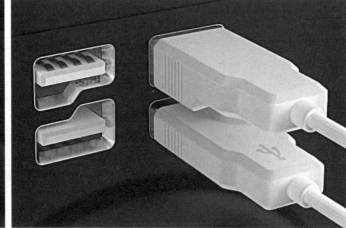

图4-37　防呆设计在新型USB插口设计中的运用

③设置操作难度

设置操作难度也是一种常用的设置限制因素的方法。设计人员通常把物品的某一部位设计得很难使用，以便控制该物品的用户范围。比如在一些药瓶的设计中，故意将瓶盖设计成需要下压后才能旋开，从而防止小孩子擅自打开、误服。在一些汽车的车门上，也有专门为了防止儿童在行车中打开车门的儿童锁（图4-38）；有

图4-38　汽车车门上的儿童锁

些电子产品，为了安全和保密的需要，设置有指纹锁，需要验证后才能打开或进入系统。这些功能看似增加了操作的复杂性，其实质都是很人性化的设计。当然，即使这些操作的难度增加，也应当让操作有章可循，也就是说这些难度的设置应该能够让人明白它的意图，而不是让人觉得这个产品很糟糕。

6. 尽量减少使用标注和说明

在产品设计中，作为设计师，我们要尽量减少使用标注和说明，如果需要在产品上附加标注，才能把使用方法说清楚，那么这个设计就有可能存在问题，所以这也应当成为我们的一条设计原则。标注和说明的确很重要，对于复杂的产品来说，有时也必须存在，但是适当地使用可用性设计的原则就能减少使用标注和说明的必要性。每当考虑使用标注时，就应该想想是否在设计上出现了问题、是否还有其他解决方案。

上面我们探讨了产品设计中应该遵循的一些可用性设计原则，这些原则的分类并不是绝对的，有些原则之间也存在相通之处，需要我们在实际设计中灵活运用。

在产品设计中，我们希望产品可用、易用，但对产品的使用来说，也不能一味地追求舒适、方便，可能完全的舒适和便利并不利于健康和安全。在某些娱乐产品中，构建有适当操作难度的系统往往更能给用户带来心理上的"快感"。小原二郎说："便利与舒适无疑是令人满意的，然而不见得百分之百的满意就是理想的。也有人认为，还是多少保留一点不便为好，无论动物还是植物，如果是在最适宜的条件下长大的，那么一旦遇上了特殊情况，其适应能力就明显下降，有时甚至连性命也保不住。"

另外，我们在这里强调产品的可用性，但是也没有必要因追求产品的可用性而牺牲艺术美，反之亦然；同样，也没有必要为了产品的可用性而不顾及成本、功能、生产时间或销售等因素，设计师完全有可能生产出既具创造性又好用，既具美感又运转良好的产品。所以说，产品设计是一个系统工程，需要强调整体的最优化，而不是顾此失彼。

4.2　通用设计

前面我们讨论了产品的可用性问题，这里我们进一步探讨设计的通用性问题，即通用设计。通用设计与可用性研究有着密切的关系，它的实质是为广泛的人群提供更好的可用性。通用设计是对人性化设计思想的具体实践，通过最大限度地扩大用户群，使产品、环境具有广泛的通用性，而不是只能被一部分人使用或只能在一种情况下使用。

4.2.1　通用设计的产生

通用设计（Universal Design）的定义由美国通用设计中心提出（1997 年），即尽最大可能地为所有人设计产品和环境，而不需要调整或进行专门的设计。

通用设计是一种世界范围的设计运动，它所基于的观念是所有的产品、环境和信息传播，在设计的时候应该考虑能被最广泛的用户所使用。对于这一概念其他的说法有"为所有人设计"、"综合设计"、"弹性设计"等。准确地说，通用设计是设计的一种思考方法和方向（图4-39、图4-40）。

图4-39　拨杆式水龙头（左）比旋钮式水龙头（右）有着更好的通用性

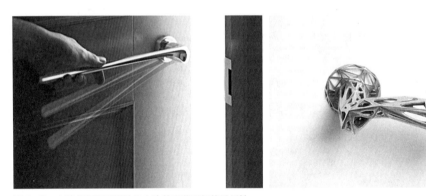

图4-40　左边的门把手设计比右边的有着更好的通用性

通用设计的理念是基于以下的认识为前提的：

1）不同的能力状况不是少数人的一种特殊或短暂存在的状态，而是人类的一种共同的特点，并贯穿一生，随体力和智力的变化而变化。

2）如果一个设计能为残疾人很好地使用，它也应该能为每一个人很好地使用。

3）我们生活中的许多方面，个人自尊、认同感、安全感等，都受我们控制周围环境的能力影响。

4）实用性与美学是互相协调的。通用设计要求一开始就考虑如何使设计能美观且实用的为尽可能多的人使用，它通过考虑人类个体广泛存在的不同，寻求设计上满足所有用户需要的解决方法。

通用设计概念的产生还有其广泛的社会背景，主要包括以下几个方面：

老龄化社会的到来。根据联合国统计，目前全球老年人口已超过 6.29 亿，平均每 10 人中就有一位年龄在 60 岁以上的老年人。如何使我们的生活环境更好地适合老年人的需要，进一步提高老年人的生活质量，对设计行业提出了新的要求，设计中需要融入更多的符合老年人特点的因素，而不只是满足一般年轻人的需要。

通用设计作为一种设计思想出现，正是对人口统计结果和社会现实需求作出的反应，融入通用设计思想设计的产品、环境、视觉传达能为更加广泛的人群使用，其中重点考虑的一个群体就是老年人。

无障碍设计的发展。无障碍设计（barrier-free design）的概念是在 20 世纪 50 年代开始使用的，其目的是去除建筑环境中给残疾人带来障碍和不便的因素。随后，其内涵得到了扩展，不再只包括建筑环境的无障碍，还包括物质环境、信息和交流的无障碍。信息和交流的无障碍，主要是公共传媒，如影视作品、节目

图 4-41　汽车上可供轮椅上下的装置设计

字幕、解说、电视手语、盲人有声读物等，使听力语言和视力残疾者能够无障碍地获得信息。而物质环境无障碍指的是城市道路、公共建筑物和居住区等，如建筑物的出口、电梯、扶手及厕所，都要方便坐轮椅者、挂拐者通行（图 4-41、图 4-42）。

由于无障碍设计在设计中把残疾人群体及老年人作为一种特殊的、不同于正常人的弱势群体来考虑，这样的理念就导致了他们在使用无障碍设施的时候，客观上产生了一种受歧视或不平等的感受，因为区别对待本身就体现了一种不平等的观念（图 4-43）。

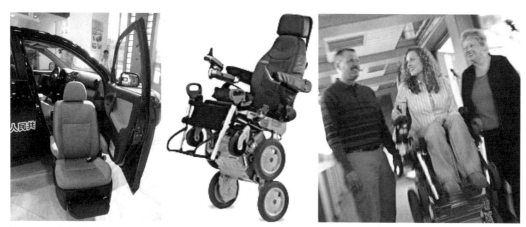

图 4-42　旋升式汽车座椅设计，可　图 4-43　强生公司的轮椅设计，使残疾人能和正常人平等地交流，获得了美国工
供腿部不便的人使用　　　　　　　业设计卓越奖金奖

　　另外，为适应残障人士使用而作的设计改动，很多时候对其他非残障人士也是有益的。换
一个角度考虑，在为一般人所进行的设计中一并考虑那些特殊人士的需求，可能会使产品具有
更大的吸引力和市场潜力。这些认识，为通用设计基本思想的产生奠定了基础。通用设计关心
的是最广泛的用户，关心的是设计本身是不是能被任何类型的操作者所使用。可以说，通用设
计思想是一种人性化设计的思想。

4.2.2　通用设计的原则

　　通用设计的原则，是由国际残疾人和康复协会通用设计中心发展研究而来的。目的是使人
们更加关注那些几乎影响所有用户的设计特性。包括年轻人、老年人、体形大的和体形小的人、
左手习惯或右手习惯的人、正常人或残疾人。这些原则可以有不同的应用方式，这依赖于具体
设计领域和设计项目。

　　通用设计——平等地满足所有人的需要——是一个值得努力的目标，尽管它不一定能完全
实现。另外，设计师也要经常结合文化、经济、环境以及性别因素来考虑。下面提供的通用设
计原则能使设计师更好地综合设计元素以达到通用设计的目标。

　　1. 平等使用

　　设计不损害或侮辱任何用户群体。

　　1）为所有用户提供同样的使用方法：只要可能就完全相同，如果实在不行，就提供对等
的使用方式；

　　2）避免分离或侮辱任何用户；

　　3）隐私和安全的保证，安全应该对所有用户有效；

　　4）使设计对所有用户都有吸引力（图 4-44）。

2．弹性使用

设计能容纳更广范围内个体的
特点和能力。

1）在使用方法上提供多项选择；

2）提供右手或左手使用；

3）使用户能精确地操作；

4）提供对用户节奏的适应（图
4-45）。

3．简单化和直觉化操作

图 4-44　该剪刀设计使手指不灵便的人也能和正常人一样方便地拿取

在用户不同的经验、知识、语言、技巧和注意力水平情况下，设计的操作应该容易理解。

1）去除不必要的复杂信息；

2）同用户的期望及直觉相符合；

3）可容纳广泛的读写能力和语言技巧；

4）按重要性程度安排信息；

5）在任务完成期间或之后，提供有效的提示和反馈（图 4-46）。

4．可识别的信息

确保信息对用户总是有效的，而不管周围条件及用户感观能力如何。

图 4-45　双头花洒为用户了提供多项选择

图 4-46 安卓操作界面形象化的图标设计和直觉化的操作方式对于不同语言能力的用户都能适用

1）为重要的信息提供不同的显示模式；

2）为重要的信息和它周围的环境提供必要的对比；

3）使重要的信息尽可能地易于读取；

4）用不同方式描述不同元素；

5）为感观有限制用户所使用的技术或工具提供兼容的操作模块（图 4-47）。

5. 容错

设计应把危险因素减到最小，并且当出现意外错误时，操作应该是可逆的。

1）从减少危险、错误的角度安排元素，最常用的元素最容易找到，带有危险性的元素要去除、分离或遮护起来；

2）提供危险或错误的警告；

3）提供失败安全保护；

4）在需要注意力的任务中，消除无意识的行为（图 4-48）。

图 4-47 凸起处理的按键对有视觉障碍的用户和正常用户同样有效

6. 低体能需要

设计应该在花费最小体力的情况下仍有效并能舒适地使用（图 4—49）。

1）允许用户保持正常的身体位置和姿势进行操作；

2）合理的操作力量；

3）最小化重复性操作；

4）尽量减小用户保持操作所要付出的努力。

7. 尺寸和空间

设计对象的尺寸和操作空间应该适合于用户的操作和使用，同时考虑用户不同的操作姿势。

图 4—48　为用户提供可逆的操作

1）为站着或坐着的用户提供获得清晰的重要信息的视角；

2）站或坐的用户都能舒适地操作；

3）提供不同的抓握尺寸；

4）为使用辅助设备的用户提供足够的空间（图 4—50）。

以上七个原则是为实现通用设计的宏观要求而定的，对于某一具体的产品、环境或传达设计来说，还会有其他方面的设计要求，需要考虑的因素也会有所差别，因此，需要设计师灵活应用。

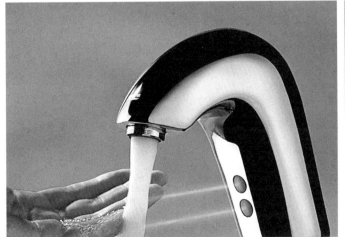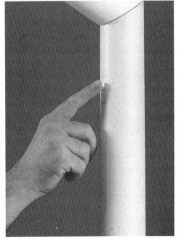

图 4—49　感应式操作利用科技手段显著提升了产品的通用性，用户的体能付出降低到了最少

图 4-50　在洗手台盆的底面设计了一个斜面，方便了不同人群的使用

4.2.3　通用设计的方法

通用设计同通常的产品设计过程基本相同，但在具体的步骤中，要注意融入通用设计的基本理念和思想。

整体来讲，可分为三个步骤。

第一步　用户分析

要进行通用设计，首先就要对用户进行分析，而且关键是对用户在使用该产品时所有可能具有的特点进行分析。关于用户的分析与研究，我们在第 2 章中已经作了详细的介绍，不再赘述；在此我们重点讲一下通用设计中的用户群分析。

用户群分析——通用设计关注的目标是尽量提高产品的通用性水平，使每个可能的用户都能顺利使用，这是一种以用户为中心的思想。因此，要把通用设计思想融入到具体的设计当中，在考察产品本身特性的同时，必须确定到底哪些人会使用该产品。因为产品的种类千差万别，有的产品只有一些特定的人群才会使用，比如一些科学仪器、专业工具等。而有的产品是面向大众的，任何人都可能使用。

因此，只有首先确定可能的用户群体，才能对这些可能的用户进行调查分析，以确定他们所具有的特点，来指导设计的策略和方法。另外，用户群体的确定必须依靠客观的调查，而不能主观判断。例如，如果在没有调查的情况下，我们一般会认为盲人是不可能或很少关注电视的。但英国对此问题做过调查，结果发现调查对象中超过 90% 的人看（听）电视，94% 居家的盲人至少有一台电视机。这也表明，在英国盲人中拥有电视机的比例和正常人几乎相同。尽管看电视的平均时间长度要比正常人少，但这样的调查结果还是令人吃惊的。而现在在有关电视机操作界面的设计中，却几乎没有考虑到盲人的需要。

同时，对于另外一些产品来说，一些用户是不可能用到的。比如需要驾驶操作的各类普通车辆，对于盲人来说是不可能的。而如果不排除盲人用户，在车辆设计中加入对他们的考虑，不但不会提高产品通用性，还浪费了设计资源，尽管这样的例子可能有些极端，但在某些产品中，类似的情况确实存在，即设计了一些不必要的辅助功能。当然，对于这方面的研究仍然是非常有价值的，一辆连盲人都能驾驶的汽车，那对正常人来说，驾驶起来将具有更高的安全性（图 4-51）。

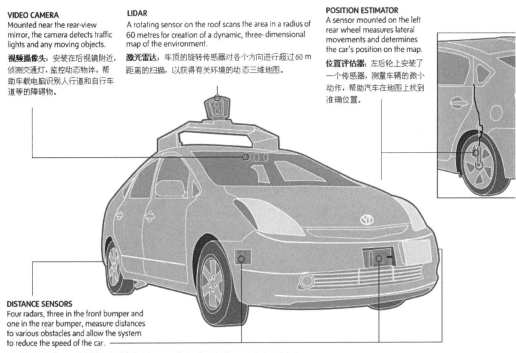

VIDEO CAMERA
Mounted near the rear-view mirror, the camera detects traffic lights and any moving objects.

视频摄像头：安装在后视镜附近，侦测交通灯，监控动态物体，帮助车载电脑识别人行道和自行车道等的障碍物。

LIDAR
A rotating sensor on the roof scans the area in a radius of 60 metres for creation of a dynamic, three-dimensional map of the environment.

激光雷达：车顶的旋转传感器对各个方向进行超过 60 m 距离的扫描，以获得有关环境的动态三维地图。

POSITION ESTIMATOR
A sensor mounted on the left rear wheel measures lateral movements and determines the car's position on the map.

位置评估器：左后轮上安装了一个传感器，测量车辆的微小动作，帮助汽车在地图上找到准确位置。

DISTANCE SENSORS
Four radars, three in the front bumper and one in the rear bumper, measure distances to various obstacles and allow the system to reduce the speed of the car.

距离传感器/雷达：四个标准自动雷达传感器，三个在车头保险杠处，一个在车尾后保险杠处，测量各类障碍物的距离，帮助车辆及时减速。

图 4-51　谷歌公司正在研发的盲人汽车

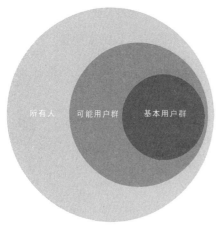

图 4-52　用户群体的包含关系

因此，在通用设计中，确定客观上可能的所有用户群体，就变得非常重要。这个确定用户群体的过程从表面看来，好像是同通用设计的基本思想有些矛盾的地方。因为通用设计追求的是每个人都能使用。而这样确定某一用户群的过程就排除了一部分人。但实际上，这样的用户群体范围的确定是非常有必要的，因为有很多产品，对于一部分人来说，是不可能接触到的。而如果也在设计中加入一些特性来满足这些不可能使用该设计的人，只会造成资源的浪费。通用设计思想中所说的"每个人"，是指每个可能接触和使用该设计的用户，而不是广义上的每个人的概念。只有确定了所有可能的用户群体，才能集中力量对他们进行分析研究，找出他们在使用设计对象中的特点和规律，以及可能遇到的各种各样的障碍，再通过我们的设计技巧来去除或尽量减少这样的障碍。

只要我们在确定用户群体的过程中，采用客观、科学的方法，全面考虑所有可能的用户和环境因素，就不会同通用设计的基本思想相矛盾，而且能保证把主要资源用在解决主要问题上，来提高我们的设计效果（图 4-52）。

在此阶段，我们已经确定了所有可能的用户，而这些用户主要由这样四类人组成：对产品使用没有任何困难的人；对产品使用稍有不便的人；对产品使用很困难的人；根本无法使用该产品的人。我们的分析就是要回答这样的问题：用户由于具有了什么样的特点，导致他在使用产品时遇到不便，产生困难和无法使用？

第二步　产品分析

在产品分析阶段，我们解决的主要问题有两个：一是分析确定产品最主要的功能和其他次要功能；二是分析确定该产品所有可能对其功能产生影响的环境特性。

产品分析的主要目标是明确产品所要实现的最主要功能，产品通过什么方式来实现主要功能，以及影响功能实现的内部和外部因素有哪些。

功能分析——人们购买产品，最主要的就是购买了一个产品的使用功能。即使是娱乐性质的产品，能提供娱乐也是其功能。比如人们购买手表，最主要的是为了随时能知道时间。除此，手表还有一些其他的装饰功能。设计师有时候为了满足不同用户的需要，会设计出各种类型的手表。比如，为儿童设计、为妇女设计、为年轻人设计等。不同的用户群定位，产品的最终风格相差很大。同时，设计师也会给手表附加一些其他的功能，比如增加指南针、温度计等。但无论如何，手表的最主要功能还是提供时间，这一点是不会变化的。否则就不能称之为手表。其他的产品也都有类似于手表这样的情况，即有一个最基本的功能，同时衍生出一些附带的功能。

　　因此，我们考虑通用设计时，首要的一个目标就是确定产品最主要的功能。在这个前提下，分析本产品应具有哪些特性，来实现这些功能。以手机设计为例，手机最主要的功能就是移动通信，因此其英文称为 mobile phone，即移动电话。作为移动通信工具的同时，手机还衍生出一些其他的功能，比如提供游戏、娱乐等，不同风格和档次的手机还可以体现使用者的个性和财富。而在手机设计过程中，首要考虑的就是如何实现移动通信功能，然后是附加的功能。对于首要功能，目前手机的设计通过以下几种方式来实现：语音通话，短信，视频，电子邮件等。即手机通过使自身具有这样几个方面的功能特性，来提供移动中沟通信息的主要功能。而对于其他衍生的功能，手机通过以下几个方面的设计来实现：造型、色彩、材质、个性化的使用方式、附加的软件或硬件等。总之，手机为了实现其主要功能和衍生功能，使其具备了一系列的特性。而这些特性的优先级别，是同其所要提供的功能的优先级别相同的。所以，在功能确定阶段，目标就是把产品所具有的特性按功能的优先级别进行排序，进而确定其特性的优先级别（图 4–53）。

　　操作环境分析——任何产品的使用，都是在一定的环境中进行的。很多产品，在良好的环境下使用的时候，具有优秀的功能，操作也很便利。但当环境发生改变，对产品的操作过程产生影响的时候，其使用情况也发生了改变，很多情况是其功能降低。例如，手机的使用，在安静环境中，接听电话没什么问题，但当在户外比较嘈杂的环境下，或当所处位置信号受阻碍时，其接听的功能就会受很大影响。通用设计思想除了关注对所有人都能使用外，也关注在任何情况下都能使用。因此，在进行通用设计的过程中，有必要对产品使用的所有可能的环境一一考

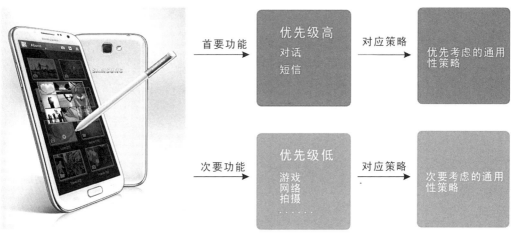

图 4–53　手机功能分析图，确定手机的首要功能

虑，分析出在各种环境中，外部条件对于用户和产品功能的影响，以及这些外部因素如何起作用，从而制订必要的设计策略来消除或最大限度地减少这些不利的环境影响。

第三步　综合分析与设计策略制订

在前两个阶段，通过对产品特性和用户特性的分析，主要是确定影响产品通用性的产品特征和所有可能用户的特征，并根据其影响的程度作出各自的优先级排序。而第三个阶段，则主要是对前两个阶段的分析结果进行综合，得出必要的分析结论，并制订相应的设计策略。其主要的目的是根据影响产品通用性因素的优先级次序，采用相应的通用设计原则和策略技巧，从而把主要资源用于解决关键问题，最大限度地提高产品的通用性。

对于复杂程度较高的产品，这样的分析和综合过程是非常必要的，通过首先确定产品的最主要功能和所有可能用户的特点，进而确定提高通用性最需要解决的问题。这样就不至于把有限的资源用在不是很重要的方面，防止了资源的浪费，对于提高产品的通用性起到了更大的作用。

下面以台式电脑的操作界面设计为例来说明。我们通过常识可知，在电脑的操作中，电源开关的作用很大，是操作的第一步。但我们也都知道，其操作对于整个电脑的使用来说，并不是主要功能，操作所需要的时间也非常短，即使开关这一操作效率降低数倍，对于整个电脑的操作也影响不大，可以说这一功能的优先级较低。我们使用电脑的主要目的是通过键盘和鼠标对电脑输入信息，通过其运算，输出我们需要的信息。因此，信息的输入操作和信息的输出显示功能优先级是最高的。而用户在使用电脑的过程中，最重要的两个方面就是输入设备的肢体操作和信息接收的感观能力。这样我们就可以确定，要提高产品的通用性，我们应该把主要精力用于电脑的信息输入和输出的方式上，以便更多的人不论感观能力和肢体能力如何都能使用电脑的主要功能。而如果没有这样的客观调查和分析，在各个方面平均分配设计资源，就会造成一定程度的浪费，可能一些辅助性的功能通用性问题得到了解决，最后却因为主要功能未能妥善解决通用性问题，而使整个设计归于失败。

通过上面三个步骤，我们就可以比较清晰地找到提高产品通用性需要解决的最首要问题，并运用通用设计的原则和技巧进行设计。图 4-54 ～图 4-56 所示是对这三个步骤的图形化，以便更清晰地理解三个步骤之间的关系。

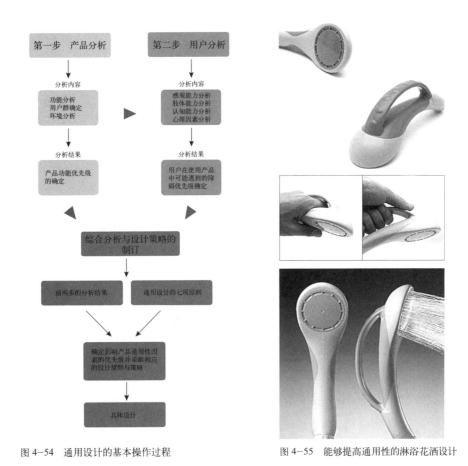

图 4-54 通用设计的基本操作过程

图 4-55 能够提高通用性的淋浴花洒设计

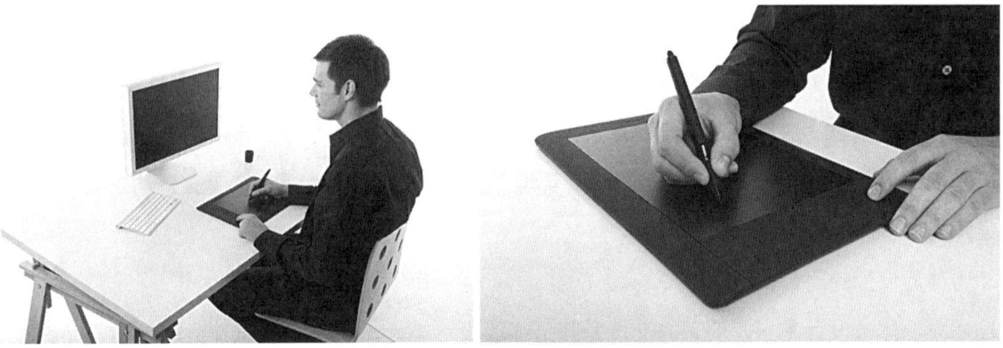

图 4-56 WACOM 影拓五代数位板上有可自定义的快捷按键，无论你惯用左手还是右手，左右手互换设计可以让你把数位板旋转 180°，轻松地使用快捷键和触控环

第5章 | 产品体验设计

产品体验设计的产生是经济社会发展的必然趋势，是以用户为中心的思想的重要体现。本章首先阐述了产品体验设计的概念以及其流程，然后介绍了产品中存在的五种体验形式及产品体验设计的三种方法。

5.1 产品体验设计概述

5.1.1 体验设计

体验是一个源自于心理学的概念，指主体对客体的刺激产生的内在反应。用户体验基于以用户为中心的观点，强调产品的应用和审美价值，包括印象、功能、易用性、内容等因素。这些因素相互关联、不可分割，共同形成用户体验。用户体验是用户在使用产品的过程中建立起来的一种心理感受，是一种纯主观的感受，并带有一定的不确定因素。个体差异决定了每个用户的具体体验是无法通过任何途径来完全模拟或再现的，但对于一个界定明确的用户群体来讲，其用户体验的共性可以通过实验来认知。

每一种基于个人和群体的需求、期望、信条、知识、技巧、经验和感知的考虑都是人的体验。谢佐夫在《体验设计》一本中将其定义为：体验设计是将消费者的参与融入到设计中，是企业把服务作为"舞台"，产品作为"道具"，环境作为"布景"，使消费者在商业活动过程中感受到美好的体验过程。

体验设计的特点在于：

（1）体验设计是一门新兴的交叉学科。体验设计不是一门单纯的设计学科，这门新兴的学科正试图从认知心理学、认知科学、语言学、叙事学、触觉论、民族志、品牌管理、信息架构、建筑学等各种交叉学科中浮现出来，广泛应用于产品设计、信息设计、交互设计、环境设计、服务设计等不同领域的产品、过程、服务、事件和环境的实践。

（2）体验设计是一种创新设计方法，不同于传统设计方法。传统设计更多地把设计重点放在功能或外观上，而体验设计却会让产品"更好用"，旨在让用户产生惊喜。

（3）体验设计的关注点从功能实现和需求满足转向用户体验，以便可以达到让用户产生惊喜的最终目的。假如手机公司委托设计师代为设计其产品，除了手机的外观形式及包装外，设计师会将重点放在手机的使用体验上，也就是满足用户对手机基本功能的需求的同时，设计提供一种令人愉悦的手机操作体验。因此，产品设计师不单只是做造型，更要兼顾来自用户和市场的需求。

（4）不论是一支笔，还是一个宏大的空间，体验设计通过使用情境来发现问题、明确目标和提供解决方案。专业亚洲彩妆品牌 JENOVA 推出 JENOVA 恣意系列，以摇滚乐为创意元素，将全新的品牌概念融入彩妆色相的情境设计中，以摇滚乐饶富激情的情感为创意来源，将静态的眼妆变成动态效果，颠覆传统眼妆美感的定义。新推出的新恣意系列，以玺恩形象代言所启用的全新产品 JENOVA 恣意放电眼影，以绮色电流、惹野狂热、冷蓝驰放、谜魅似幻四种主题，打造了四款全新色彩，带来前所未有的恣意妆容，强调摇滚甜心 × 恣意世代的人气主题（图 5-1）。

（5）体验设计的重点在于体验的过程，而非最终的结果。重点是在此过程中要让用户充分体会到"这可以为我做些什么"。以钓鱼灯设计为例说明，市面上现有的此类产品可能存在以下问题：

1）底盘与地面贴合太紧，搬的时候不好移动；

2）关节处的内部设计十分易坏；

3）灯头部位做工粗糙，灯泡未能无缝贴合螺口；

图 5-1　JENOVA 恣意系列

4）里面电线的设计极为粗糙；

5）核心功能（自由伸缩）受到影响。

因此，在设计过程中设计师要关注以上细节，设计一个便利且做工精细的灯具比调低产品的价格更为有效（图5-2）。

图5-2　钓鱼灯

5.1.2　产品体验设计的概念

正如社会经济形态的更替发展，体验设计的产生也是必然的趋势。人们对于体验设计这一概念或许还感受不深，但是我们的生活方式已经在很大程度上受这种思想影响并已经在悄然变化。

美国迪斯尼率先提出主题公园的概念，其生动而令人沉浸的卡通世界旨在让人们在进行休闲娱乐的同时通过切身参与来享受身心愉悦和值得记忆的体验。迪斯尼不断"设想"出新的服务从而使其体验专长得以实现。这些提供物包括从迪斯尼学院到迪斯尼俱乐部演出中心，从百老汇到迪斯尼航行线路，并且以其自己的"加勒比岛屿"完整地再现其整体魅力。这整个过程中与人们建立了一种人性化、值得记忆的联系（图5-3）。

除此之外，很多知名企业都在发展新计划中提出了"以客户为中心，追求客户体验"的新目标（图5-4）。例如，世界著名的IT企业惠普提出的新型营销战略——全面客户体验（Total

图 5-3　迪斯尼主题公园场景

图 5-4　飞利浦设计非常重视产品的使用体验

Customer　Experience）；被微软公司形容为设计最佳和性能最可靠的新一代操作系统 Windows XP，其"XP"正是来自"Experience"，中文意思即为"体验"，该新操作系统为人们重新定义了人、软件和网络之间的体验关系；戴尔公司的"顾客体验，把握它"以及联想公司的"以全面客户体验为导向"等。

　　同样地，在中国体验设计也开始普遍得到重视和理解，并且越来越多地被投入到商业运作中。比如，现今正大热的各种网络游戏设计，都会非常注重去营造一种别具一格的时代背景。以网络游戏《刺客信条》为例，以 12 世纪十字军东征为舞台，并收录了回教异端教派阿萨辛派大本营"马西亚夫"、叙利亚回教文化中心"大马士革"、圣地"耶路撒冷"以及英国狮心王理查德所统治的军事都市"阿卡城"等四个城镇要塞，为了重现 12 世纪时这四个都市的当时风貌，游戏制作小组花了大量时间收集史料，以希让游戏的场景更符合史实。玩家扮演的是一位身怀绝艺的白衣刺客 Altair，以来无影去无踪的高超杀人技巧，专门刺杀残暴的统治阶层，而铲奸除恶也成为玩家信守的"刺客信条"，为救无辜百姓而努力。这种情境体验的设计或许能迎合很大一部分玩家对于这种特色风情的情感追求，因此成为时下非常流行的网络游戏设计形式（图 5-5）。

图 5-5 《刺客信条》游戏形象

体验设计脱胎于体验经济，是体验经济战略思想的灵魂和核心。它是一个新的理解用户的方法，始终从用户本身的角度去认识和理解产品形式。设计的重点已经从产品的功能性和实用性的考虑，转移到了用户本身。体验设计是面对当前这一形势和挑战，由西方国家大企业的决策机构和设计艺术家首先提出的一种应对性的设计思潮，即一切从客户利益出发，注重体验，注重实效，是一种在后现代主义大艺术、大设计背景下提出的较为广泛的设计概念，它是观念设计的一部分。当下对产品体验设计是这样定义的，即一个题目的设计，在一个时间、一个地点和所构思的一种思想观念状态下，从一个诱人的故事开始，重复出现该题目或在该题目上构建各种变化，使之成为一种独特的风格，而根据用户的兴趣、态度、嗜好、情绪、知识和教育，通过市场营销工作，把商品作为"道具"、服务作为"舞台"、环境作为"布景"，使用户在商业活动过程中感觉到美好的体验，产品所体现的体验价值仍长期留在脑海中，即创造使用户拥有美好的回忆、值得纪念的设计（图 5-6）。

一段可记忆的、能反复的体验，是体验设计通过特定的设计对象（产品、服务、人或任何媒体）所预期要达到的目标，在体验设计这一整体的设计系统中，产品体验设计作为其中的一项设计内容，同传统的产品设计在内涵、表征上必然有所不同，也必然有其新的理念和特点。

产品体验设计的目的是唤起产品使用者的美好回忆与生活体验，产品自身是作为"道具"出现的。体验性产品作为整个体验舞台中最关键的"道具"，这就需要设计师在进行产品体验设

图 5-6　每年的美国拉斯韦加斯国际消费电子展览会（CES）给用户提供了丰富的产品使用体验，人们可以根据自身的体验来决定是否购买

计时建立一种较以往更系统、更全面、更深入、更具广度和深度的设计思想。产品体验设计使产品的概念具有更为广阔的外延空间，它提供的是一种生活体验方式。

5.1.3　产品体验设计的流程

体验设计的工作内容大致可分为：

需求分析：即从商业目标、用户需求、品牌方向等方面分析竞争产品。收集的历史数据报告后，充分了解产品思路和用户群特征，然后做出审出需求文档。

原型设计：根据调查情况，作一些经典型用户的角色模拟和使用场景模拟。

开发设计：通过情景的再现来总结和细化用户使用中的各种交互需求；最后用流程图和线框图的形式把设计结果表现出来。

图 5-7 所示流程图是"用户使用流程"，而不是"业务逻辑流程"。虽然看上去相似，其实本质完全不同。"使用流程图"是从用户的角度出发，描述了用户的交互过程和需求；而"业务逻辑流程"是从技术层面出发，为了满足用户的需求。因此，当"用户使用流程"演变成"业务逻辑流程"，是在满足用户的需求；但当"业务逻辑流程"演变成"用户使用流程"，则是要求用户按照设计师的思维来使用产品，这种设计流程设计出来的成品并不一定就是满足用户需求的产品。

先设计"业务逻辑流程"再考虑"用户使用流程"的设计，显然是工程师的设计思路。虽然做业务逻辑流程的设计人员会认为他们的设计是为了满足用户的需求，但事实上，依照上述设计思路做出来的产品是为技术实现而设计的，并非为用户而设计的。并且这种设计过程并不利于推动技术的发展。当用户体验设计师做了某些好的、必需的体验结果时，常常会从工程师或技术人员那里得到诸如"我们的工程逻辑不是这样的，这个技术上实现不了"之类的反馈。这种受到技术层面上限制的设计在现实中十分普遍，但这对于设计出满足用户需求的产品非常

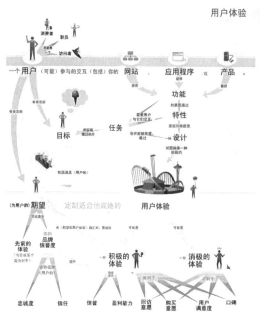

图 5-7　用户体验的流程

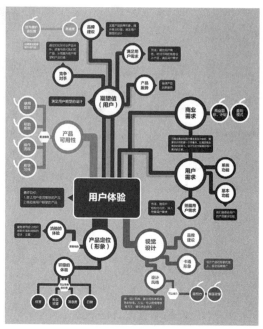

图 5-8　产品用户体验设计关系图

不利，也不利于催生真正能够为用户带来完美体验的技术。

　　用户体验设计工作是一个循环的迭代过程。用户使用流程是业务逻辑流程的需求表现，用户体验设计的工作应先于业务逻辑的设计工作，具体地说就是先考虑产品的交互设计，然后再考虑业务的逻辑和架构，这样对于产品体验设计的成效更大（图 5-8）。

5.2　产品中存在的体验形式

　　体验是在某些背景下，因某种动机而从事的活动中产生的感受。体验设计，不是设计"体验"本身，而是营造一个平台或环境来展演体验。体验既是复杂的又是多种多样的，可以被分成不同的形式，且各自都有其固有而又独特的结构和过程。《体验营销》中提到可以将体验的形式分为感官、情感、行动、思考、关联这五个战略体验模块。

　　感官：产品或服务通过视觉、听觉、嗅觉、味觉、触觉等感官让人产生感受。在产品或服务的设计上，透过感官的体验，来增强用户对产品或服务的体验感受。

　　情感：用户在使用产品或接受服务时，需要将产品或服务的提供与用户的某种情感、情绪连接起来。通过产品或服务创出正面的情绪，来建立令用户愉悦的使用体验。

　　行动：通过产品或服务令用户产生身体上的活动感受、建构生活风格、引起互动，为用户提供另一种行动的方式，以此来提升用户的生活价值。

思考：让用户在使用产品或接受服务时，通过激发用户的思考力，挑起人的挑战欲望与创造力，并在这个互动的过程中，让用户不断发现惊喜、获得独特的体验感受。

关联：结合感官、情感、思考与行动等多个方面，提供更加全面的用户体验。这种体验主要是把个人体验延伸扩展到与他人、社会、文化的多个体验层面。

各种不同的体验形式都是经由特定的体验媒介所创造出来的，而通过对上述五个不同的体验模块在产品设计中的具体实践，也能充分地了解到产品中具体存在的体验形式。

5.2.1 感官体验

感官体验诉求的是创造各种知觉体验，这包括视觉、听觉、触觉、味觉与嗅觉带来的感官刺激。在产品体验中，关键的一个因素就是增加产品的感官体验。我们的眼睛、耳朵每天都在接收各种产品的感官信息，但很少有产品能够让人印象深刻并成为永久体验。据研究表明，鲜明的信息更加引人注目：响亮的声音、绚丽的色彩要比柔弱的声音、清淡的颜色更加鲜明。有效地增加感官刺激能使人们对体验更加难以忘怀，而且突出产品的某一或多个感官特征，能够使产品更容易被感知，促进人与产品之间的互动和交流。利用视觉、触觉、听觉、嗅觉、味觉五种刺激能够产生美的享受、兴奋和满足，激发用户的购买欲、增加产品价值以及区分同类产品。

1. 视觉是最能影响产品的感觉之一

视觉捕捉产品的颜色、外形、大小等客观信息，产生包括体积、重量和构成等物理特征的印象。同时，视觉带来我们对物品的主观印象，比如贵重的外表、结实的形体、精密的形象……所有这些理解都源于视觉，并形成感官体验的一部分。

（1）材质

视觉对现实存在的实体采集信息，然后反馈给大脑产生相应的感受。产品的造型和形态存在的一个物质基础就是材料，不同的材料具有不同的外观特性，而这很容易通过视觉传递信息，所以设计需要通过材料来思考，在很大的程度上取决于材料本身的特性，材料的物理特性、化学特性、加工工艺等因素都会影响产品的造型。材料所具备的光泽美、质地美在产品外观上的表现，借由视觉传达产品所要表达的信息（图 5-9 ~ 图 5-12）。

（2）色彩

"色彩能够唤起各种情绪，表达情感，甚至影响我们正常的生理感受。" 在设计中对于

图 5-9　对于材质的体验也是产品体验设计的一种

图 5-10　一把由软木和金属弯管制作而成的凳子，坐面是可移动的，提供多样的使用体验。设计师解释之所以选软木作为材料，是考虑到它的可再生和回收特性，是一种环保的材料

图 5-11　一组灯具的设计，由可再生玻璃和木材制作而成，两种材质结合的方式体现了对光线控制的考虑

色彩的运用已经成为设计师的重要设计语言，人们看到色彩时会产生一定的心理效果，这被称为色彩心情，所以通过色彩设计可以引导用户的情绪。在设计中，充分地运用色相、色调、撞色等色彩原则进行色彩设计，在产品视觉上产生的效果能够引起独特的感官体验（图 5-13～图 5-15）。

（3）形态

产品也通过形态传递信息，用户通过视觉观察，从形态中采集产品信息，并通过产品语意指引正确合理地使用产品。设计师常常从自然中寻找设计灵感。自然界中存在着各种纷繁复杂的形态，其中不乏美的形态，对这些美的形态进行发掘和收集，就可以从中提炼产品设计的一些基本元素。所有产品的立体造型可以统一归纳为点、线、面等造型要素。在设计中对构成产品造型的元素进行合理的运用，会使产品形态更具有表现力和感染力。在产品的造型设计中，造型元素的排列方式也会直观地影响产品所要传递的信息（图 5-16、图 5-17）。

（4）综合

前文分别从材质、色彩、形态等方面分析了产品的视觉体验，但实际上产品通过视觉给人带来的体验，是综合以上多个方面的信息来传递的。对于产品外观而言，色彩与形态元素相结合，材料和形态相匹配都能给用户带来独特的视觉感受和全新的体验。当一个产品具备多方面的表现力时，用户将从中获取更全面的体验。

图 5-12　这一组碗具是田中美佐设计的，是陶瓷和其他材料结合，具有淡然、纯粹、安静的感觉

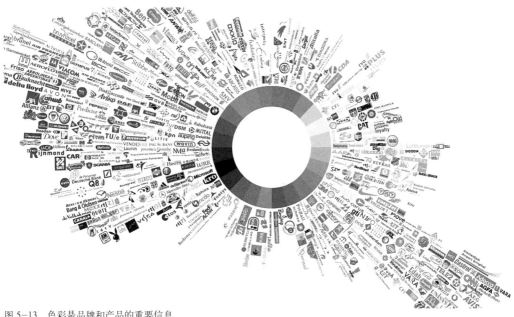

图 5-13　色彩是品牌和产品的重要信息

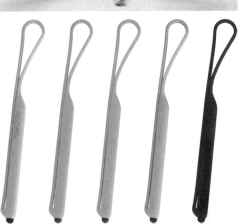

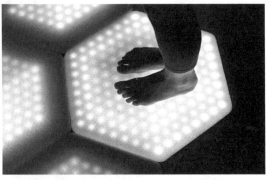

图 5-14 多种颜色的选择，刀叉勺相互扣着的设计给人不同的视觉享受（左上）

图 5-15 红点奖产品：平板电脑感应笔。现代产品往往提供多种色彩供用户选择（左中）

图 5-16 灯具形态设计（左下）

图 5-17 儿童产品设计，利用六边形的形态进行多样化的组合（右）

2．触觉产生一部分对产品体验的感受

如同视觉，触觉也同样帮助产品形成用户印象和主观感受，为形成良好的用户体验提供渠道。通过触觉，可以传达给用户关于产品的信息，例如，冰凉的冷峻、顺滑的高雅。触觉比视觉更具有真实性和细腻感。不同于视觉可以在不同的产品之间游离，触觉是通过直接接触产品，获得真切的触感。对于触觉来说，影响最大的因素就是材料，在工业发展史上，材料的变迁往往主导着设计风格的变化（图 5—18 ～图 5—20）。

3．声音可能扮演着最重要的角色

产品通过听觉与用户进行沟通，这也不失为一种良好的用户体验设计的手法。产品在提供视觉信息之外再辅以声音信息，将更有助于产品信息的传递，使产品具有更好的安全性。比如产品的声音提醒功能：当电热水壶发出响声时，就是提示用户水开了。在所有的声音中，音乐带来的听觉体验更为深刻。音乐带来的听觉感受会极大地影响人的情感，因为声音本身就是一个表达信息的有效载体，它提供了快乐、情感的暗示甚至记忆的帮助。声音在表达信息的时候，也有它自身的特点，声音是在空间内传播的，在一定时间内可以同样地达到任何人。或许手机设计师最容易认识到，让优美的旋律代替刺耳的声音，对于产品用户体验有很大的影响。

图 5—18　用带海藻制作的灯具等日常用品。来自伦敦的设计师朱丽亚·罗曼认为干带海藻可以代替皮革、纸张和塑料等材料。像激光切割海带灯罩一样，尽量让这种材料运用到我们的日常生活用品当中

图 5-19 杯子上面刻印上盲文，就可以轻易地辨识属于自己的杯子，就像是打了一个标签。这个设计通过一个小的细节让人避免误拿

图 5-20 为了让盲人的日常生活更为方便，设计师 Kukil Han 等人设计了这款盲文胶带，它的表面分布着凸起的圆点，使用时，只需撕下一截胶带，对应要贴的物体，按压下不需要的圆点

　　声音带来的感官体验,也说明了情感体验的重要性。任何激烈的或舒缓的、悦耳的或刺耳的、清脆的或沙哑的声音刺激感官的同时,也是产生各种情感的基础。伴随着适合环境的背景音乐,人的思想和心境更容易融入环境中,音乐聆听者的心情与环境是合拍的,与音乐产生情感的共鸣;反之则不然。因此,对于感官接收的信息,充分利用其有利的一面,才能充分发挥感官体验带来的更深层次的享受（图 5-21）。

图 5-21　该款儿童音乐早教益智狗玩具,可以通过歌曲、短语、运动和游戏等模式来增加宝宝学习的乐趣

　　4. 嗅觉会给用户带来独特的影响

　　嗅觉带来的感觉也是独特的。据研究表明,嗅觉给人带来的印象在记忆中保存的时间是最久的。然而,不是所有的产品都会散发出香味,但是如果能发现一种方式,可以将气味融入到体验中,那么它一定会为产品增添不少乐趣（图 5-22、图 5-23）。

图 5-22　Food Printer 是一款便携式的创意产品,融合了拍摄和先进的气味打印机功能于一身,用它打印出来的美味明信片可以记录食物香味,让喜欢旅行并且喜爱各地美食的朋友们可以随时与亲朋好友分享这种快乐

图 5-23　檀香扇，巧妙地把气味融入到产品中

5. 味觉是最难容入体验的一种感觉

一般产品是不能入口品尝的，那么味觉也就很难融入到体验中。但设计就是创新。为了发掘更多的用户体验，在设计过程当中也应该试着想办法把味觉融入到体验设计中（图 5-24 ～ 图 5-27）。

5.2.2　情感体验

产品的情感体验需要的是激发人们的内在感情，目标是创造情感上的独特感受，其范围可以是一个温和、柔情的心情，或欢乐激动的情绪。产品的情感体验设计需要了解一个产品是如何影响用户的情绪，并且使用户融入到这种情境中，从而获取全新的产品体验。

我们对于产品的认识可以通过感官来获取，但是它的内在却更能影响用户对产品的认知。生活中的产品，并不单纯地只是物质性的存在，它们可能是对往事的提醒，或者只是

图 5-24　日本设计师 Nendo 创造的一款 patissier 削铅笔巧克力，客人可以通过削铅笔的方式把巧克力碎末洒在甜点上，增加了美食享用的乐趣

图 5-25　Flip & Tumble 最新推出的这一创意——胡椒 & 盐罐，打破常规使用的球形设计，只需轻轻一挤，里面的胡椒粉就会落下来

图 5-26　德国 Qkies 公司将二维码与饼干结合，可以自行决定二维码中的留言

图 5-27 面包餐具，可以吃的餐具设计

自我展示。情感是生活的一部分，它影响着人们如何感知、如何行为和如何思考。当我们认知、理解产品时，情感可以对产品进行选择、评估。Norman 关于体验的三个层面划分在实际运作中并没有明确的分界，因为真实产品提供一连串的情感，每个人去解释时，会有不同的感受，甚至是相反的。处于各个层面上的设计提供相应层面的情感，三个层面相互影响。具体可以归纳为：本能层面——外形；行为层面——使用的乐趣和效率；反思层面——自我形象、个人满意、记忆。一个产品如果要设计成功，这三个层面都要顾及，这样用户才能获得多样化的情感体验。

1.本能层面的情感体验

本能层面的设计的基本原理来自人类本能，在人们之间和文化之间基本都是一致的。它不受文化差异的影响，大多是流行的、时尚的。因为本能层面与最初的反应有关，所以对它的研究十分简单，只是把设计放在用户面前等候反应。在本能层面上，物理特征——视觉、触觉和听觉处于支配地位。最佳的情况是，人们对于外形的本能反应最突出，看到产品的第一眼，就想要拥有它，这是本能设计层面最终的追求。

本能层面的设计就是即刻的情感效果。产品给人们的第一反应有漂亮的、可爱的等。这些

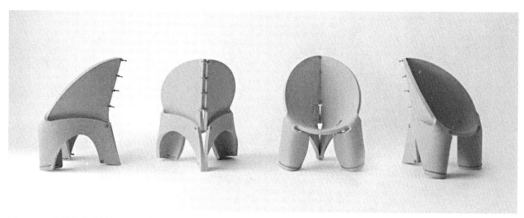

图 5-28　这款儿童座椅好玩、柔软、艳丽、灵活而且耐用

可以是非常简单的，刚开始不用追求完美的印象，但是用户的本能反应应该是立刻能得到心理上的认同（图 5-28）。

2. 行为层面的情感体验

行为层面与产品的效用，以及使用产品的感受有关，但是感受本身包括三个方面：功能、性能和可用性。

（1）功能设计

在大部分的行为设计中，功能是首要的。功能若不能满足需要，设计就是失败的。真正成功的设计，不仅在外观上能获得人们的喜爱，同样地在功能上也能达到使用的目标。一个产品必须通过行为测试，方能满足需要。

（2）性能设计

从表面上看，使产品具有必需的功能好像是最容易的标准，但是事实上用户对于功能的需求是一个多方面的综合需求。当功能齐全了，人们就会关注它的性能如何，产品是如何实现这个功能的。当一个产品类型已经存在时，性能方面的改善是人们在使用经验的基础上不断改进的。将产品在使用过程中出现的问题进行分析，针对性地解决问题就会出现更加实用和更加完美的产品。优秀的行为层面的设计，最关键的就是了解用户是如何使用一个产品的，善于发现产品的不足之处，进行完善。

（3）可用性设计

关于产品的可用性，我们在前面已经有较详细的讲述。技术发展会使产品的使用变得日益复杂，一个各方面性能俱佳的产品也会面临可用性的问题，即如何使产品符合用户需求且方便易用。

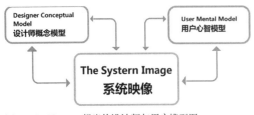

图 5-29　Norman 提出的设计师与用户模型图

如果不能理解一个产品，那么就不能正确地使用它，至少不能好好地使用它。当用户对整个过程缺少完整的理解，那么在使用产品时可能会出现束手无策的局面，而最好的方法是建立一个适当的概念原型。Norman 指出，任何产品，用户对象不同就会有不同的心理形象。

首先是设计师，设计师头脑中的形象称之为设计师模型，使用产品的用户所具有的形象则是用户模型。最理想的情况是设计师模型和用户模型完全一致，这样，使用者才能正确地理解和使用产品（图 5-29、图 5-30）。

图 5-30　设计作品——"玄－磁悬浮洗手盆"，给人带来一种全新的洗手体验，但同时给洗手盆的排水带来一定程度的问题

3. 反思层面的情感体验

反思层面的设计涉及很多领域。它注重的是信息、文化以及产品或者产品效用的意义。反思层面的设计与物品对一个个体而言具有特殊的意义——能引起个人回忆，对个人而言是一种非常特别的经历——它与自我形象和产品传递给其他人的信息有关。

（1）引起回忆的物品

引起回忆的物品，它们外在的形象、行为的效用对用户所起的作用相对微小，而重要的是其交互作用的历史、人们与物品的联系，以及由它们引起的回忆。

众多纪念品和流行的饰品，或许被粗制滥造，显得比较劣质，也或许比较华丽而俗气，但是就有很多人喜欢这样的物品。尽管是一个劣质的物品，但它能够吸引人，是因为在它里面含有一定的意义，它满足了一些基本的需要——"情绪而不是理智"。这些纪念品本身可能确实没有太多的价值，但是它之所以变得重要，因为它是一种标志，回忆或者联想的源泉。

在设计过程中，我们倾向于把美和情感联系起来。当我们建构美丽的、可爱的、华丽的产品时，无论这些特征是多么重要，更能感动人们的是蕴涵在产品里的一种情感。在情感的领域里，依恋和喜欢丑陋的物品和喜欢漂亮的产品是一样合理的。情绪反映了我们的个人经历、联想和记忆。

一个故事、一个瞬间、一段回忆，在我们的情感生活中占据着更大的位置。我们对于回忆中强烈的情感因素通过某个物品所激发出来，这里我们就可以不在乎这个物品的外在因素如外形、色彩等，我们重视的是它能释放我们记忆的能力，回忆过去的经历和感受，是情感的力量让这个物品发挥它的闪光之处。

（2）满足自我感觉的物品

回忆反映了我们的生活经历。这些回忆使我们想起家人和朋友，经验和成就，也增强了自我认知的能力。我们的自我形象在我们生活中的表现，每个人都会有意或者在潜意识中去关注。自我概念应该是人的一个基本属性，它依据心理机制和情感在起作用。这一概念深深地扎根于大脑的反思层面，高度依赖文化规范。在很多产品的展示中，将名人和产品一起展示，这些展示的名人作为用户的榜样或英雄引诱用户通过联想形成一种值得的感觉。因此，在设计中，我们尽量提高产品在这些方面的价值。你对产品的选择常常也是对自我的一个陈述。从某种程度上说，购买的产品和生活方式都反映和树立了你的自我形象，以及你在旁人心中的形象。

（3）令人满意的产品

我们在购买产品的时候，会综合考虑各方面因素，只有产品的各方面达到我们的期望值时，我们才会决定购买。我们大多会选择"令人满意的"产品，即产品满足一定的"用户满意度"，用户满意度是指用户存在着对商品、服务及相关因素的情感体验，这种情感体验会影响到用户本人及其他人的消费行为，用户的情绪体验越强烈，对用户本人和对其他用户的影响力越大。

在用户满意度的衡量中，我们选择的令人满意的产品，设计大多都是处于反思层面上的。在反思的行为层面上，人们更多地从长远来考虑产品是否具有良好的品质和有效的性能，当然，人们之间存在着巨大的个性差异，并且也有文化的差异。要使一个产品适合所有的人是很难的，所以在设计时针对不同的市场、不同的人群进行细分，设计符合不同人的个性产品，也能极大地提高个人的满意程度。

反思层面的活动常常决定一个人对一种产品的总体印象。当回想一件产品的时候，仔细考虑这一产品的全部魅力以及使用它的经历，在这里许多因素是共同在起作用的，某一方面的缺陷或许可以被另一方面的优点和魅力所盖过。总体评价产品时，小的缺点可能被忽视了，更多的是放大了其优点。这些情况的出现都是情感因素在回忆和重新评估的反思层面中产生的影响（图 5-31、图 5-32）。

5.2.3　由参与引起的行动体验

互动的体验，更倾向于行动带来的体验，这需要在用户和产品之间形成创造性的交互作用。通过增加用户参与其中的身体体验，丰富产品使用者的生活。在这个过程中，包括改变一种生

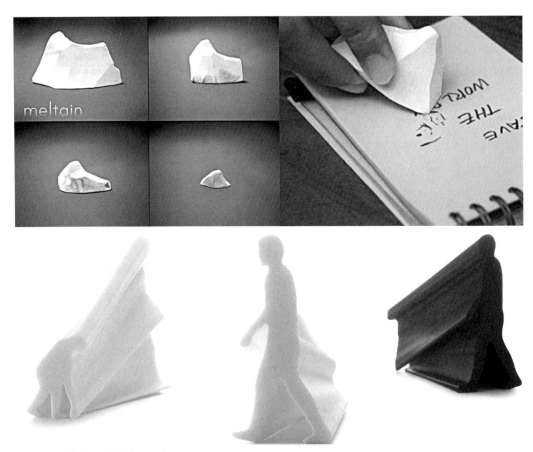

图 5-31 两款让人反思的橡皮设计

图 5-32 飞利浦·斯塔克设计的 "Juicy Salif" 榨汁器，斯塔克曾说："我的榨汁器不应该用来压榨柠檬，应该用来启动谈话。"这是典型的反思层面的设计

活形态或是激发另一种生活形态，情感上的体验是这一切变化的源头。

从用户的角度来看，产品的参与性提供了一个使其参与设计的平台。它能让使用产品的用户对设计师的设计进行再设计或者达到设计师与用户共同设计的效果。由于用户是按照自己的意识去进行再创造产品，其间必然会植入个人情感，充分调动起个人的生活经验，始终以个人的审美习惯为导向，还会凭借个人的审美趣味和标准以及自己的价值观去判断，因而创造出来的产品，体现的是强烈的个人色彩。另一方面产品提供给用户一个用身体参与的机会，也会带来行动的体验。在科学技术飞速发展的现代，所有的产品都趋向高智能、高效率，随着机器人的开发试

图 5-33 一款盆栽灯具，它的特点是灯的镂空灯罩和颈部被底部盆栽中蔓延而出的鲜活植物覆盖。这款灯允许用户自己 DIY，用户可以种植自己喜欢的藤蔓植物，观赏它生长蔓延的过程，同时借由植物的生长创造出照明时特殊的阴影效果，也可以根据自己的喜好修剪它，以此获得别样的乐趣

制甚至最基本的生活行动都可能被机器所取代。而在如此高信息化的时代，人们对于身体运动的概念变得强烈起来。在产品的使用上能很好地融入人的行动上的参与，调节现代人的生活的同时，更能带给人们一种全新的生活体验。

在产品设计阶段，让产品的使用者参与到产品设计的实质性过程中来，用户可以根据个人的喜好设定产品色彩、材质、造型或结构等特征，这种参与造型设计的行动也是一种创造性的体验，在很大程度上体现了用户的个人创造力，更能使产品体现个性的魅力。

1. 参与创新性的行动体验

通常我们购买的一些产品，设计师早已按照他既定的颜色、形态以及材质展现给用户一个在造型形态上已不能改变的产品形式。而参与性的设计，使用户在产品造型形成阶段根据自己的意愿参与形态的创作，会更贴近用户的心理，同时在这个参与形态创新的设计中，用户更能获得这种参与与设计的行动体验（图 5-33、图 5-34）。

2. 参与选择性的行动体验

当产品由于功能及结构的需要，不可能给用

图 5-34 设计师 Heikki Ruoho 设计的轻量级纸板椅子，可以在上面进行涂鸦，纸板也可以重新回收利用

户在产品的形状上有太多的变化，而用户确实需要在外形上有个性的需要时，选择性设计的介
入会满足这一类用户的要求，当然人们在参与这种选择性设计时，整个行动的过程同样是一种
参与设计的体验。选择性设计产品造型虽然在整个大的产品形态上没有太多的变化空间，但是
可以改善的外观方面比较多，比如产品的颜色、外部材质以及加入更多的元素对原有产品进行
美化，这都在选择性设计的范围之内（图5-35～图5-38）。

3. 参与组合性的行动体验

用户参与产品的部分组合、安装过程，在这个过程中，用户会真正感受这种行动的快乐。
宜家的家庭用的桌子，作为产品系统而言它是组合式设计类型，而作为产品系统的子系统来说，
它是模块化的设计类型，用户可根据自己的不同需要进行自由的挑选、自由的组合。就桌面造
型而言，有各种规格、尺寸、质地、色彩等可供选择；就功能类型而言，有餐桌、电脑桌、写
字桌、装饰桌、儿童桌等可供选择；就材料而言，有木质、钢质、有机玻璃等可供选择，甚至
桌腿也同样具有多种选择性。不管组合而成的是餐桌还是书桌，也无论它们的各个组成部分来

图5-35　一套有趣的自制棒冰产品"ZOKU CHARACTER KIT"。产品的创意在于鼓励用户自己DIY制作棒冰，产品提
供的棒冰模板简单又可爱，为用户制作棒冰的过程提供乐趣

图 5-36　喝咖啡的时候不要忘记娱乐精神，随时随地来个角色扮演

图 5-37　飞利浦的设计非常注重用户对于产品的体验，这种个性化的开灯方式，使人们的开灯动作变得非常优雅

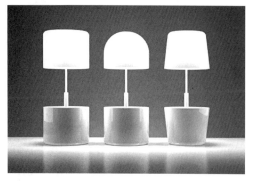

图 5-38　Cap Lamp 多功能小台灯

自于几个国家，它们都保证了所组合的连接件是相同的（如螺钉的大小、长短相同，嵌入式的插孔规格相同），所采用的安装方式都是相类似的等。因此，设计师极具创意的设计，最终形成了这类产品的独特之处——产品的实用主义与用户创新精神的最大融合，产品为用户带来了更有意义的体验过程，也体现出了用户的个人思想（图 5-39、图 5-40）。

5.2.4　由认知引发的思考体验

体验活动不是只停留在行为活动的层面，它还包含不断的内心的反思活动。只有在实践活动中不断地反思、总结、再反思、再总结，才能促进实践活动的顺利开展和胜利结束，也只有包含批判、反思、理解和建构的活动过程，才是体验的过程，没有思考的操作不是体验的操作，没有主动的、有意识的参与，就不会有建构与创新。

思考体验诉求的是，在智力上以创意的方式引起用户的惊奇、兴趣，对问题集中或分散的思考，为用户创造认知和解决问题的体验。当体验主体不断地思考事物与自身的意义关系时，就已经将体验的对象纳入了自身之中，并

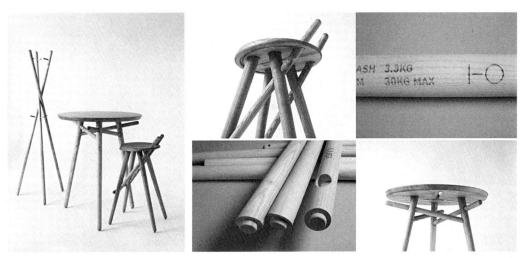

图 5-39　一套木材家具：一个衣架，一个桌子，两个吧台凳。这款家具自然的造型和清晰可见的木纹能让人们放松心情，形式上局部挑出的设计可以让人悬挂和放置多余的对象，组装的过程也使用户参与其中

图 5-40　"WEDGE TABLE"组合式小茶几，零件简单，安装方便，可以随身携带

以亲身经历的状态将自身的主体性、积极性全部投入体验的对象之中，体验主体对体验对象的相互交融，促进体验主体的能动性有效发挥，从而推进认知活动的发展，赋予认知结果以主体意义，充分展示认知与体验的最佳结合。思考体验的过程通常融入情感的赋予与收获的感受。单一的认知活动、纯粹的符号认识、空而大的纯理论学习甚至复杂繁复的产品操作常常会让用户缺乏应有的灵性和动感，思考的体验能让主体从情感的角度出发，又能理智地进行自我反省和换位思考，从而获取对象对自身意义与价值的认识（图 5-41）。

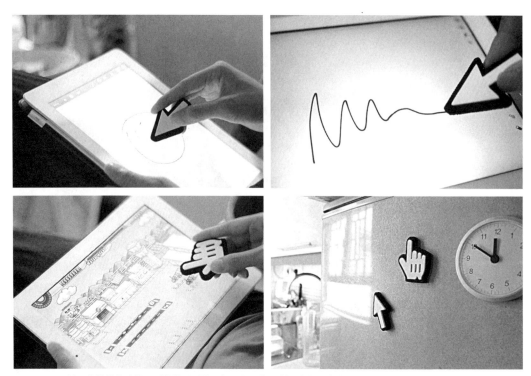

图 5-41 这是一个触摸的时代，手指的重要性可想而知。但你是否会偶尔想起那可爱的鼠标？这两款大鼠标指针专为平板电脑设计，怀旧的同时让你更精准地使用平板。另外，内置的磁铁可以吸附在冰箱上

5.2.5 由系统产生的关联体验

关联体验包括以上提到的感官、情感、行动以及思考等层面。关联的意义能够超越私人感情、人格和个性，将个人对理想自我、他人或文化进行关联。在系统中的关联体验诉求的是为自我改进的个人渴望，例如：想要与未来的"理想自己"有关联，要别人，如亲戚、朋友、同事、恋人等对自己产生好感，让人和一个较广泛的社会系统产生关联，从而建立个人对某种产品的偏好，同时让使用该产品的人形成一个群体。

5.3 产品体验设计的方法

5.3.1 通过创新营造新的体验

产品性质不同，其体验的定义和设计方法自然也不同。尤其是硬件产品和软件产品差别很大。在《情感化设计》中，Norman 将体验也分为感官的、行为的和反思的三个层面。用户对产品的体验是以递进的方式进行的。首先是看起来如何（感官）；其次是用起来如何（行为）；最后是对产品进行探索和思考（反思）。如果一个产品的第一印象不能满足用户的需求，很可能不会有后面的交互过程，也不会有对这个产品的原理的思考和探索。

对于体验的三个层面，根据艾伦·库珀的观点，产品的使用者可分为浏览者、参与者和专家。任何一个产品都具有这三个层面的用户。浏览者层面的用户较多地关注于产品的外观，而对产品的内涵和实现原理关注较少；参与者层面的用户对产品的使用关注较多而对产品的外观关注较少；而专家用户则是更多地关注产品的内涵和实现原理。对于一个有内涵的产品，用户将从浏览者演变成为参与者，然后成为专家，而在这个过程中，由于对于同一个产品的不同层面的用户来说，他们所看到的是产品的不同的侧面，因此在做用户研究时，必须注意用户背景的差别。

根据产品的三个层面，可以将设计分为视觉设计、交互设计和功能设计三种类型。根据工作内容不同，这三个工作是由浅入深的。视觉设计负责的是产品外观的设计及创意，即产品给用户的最初感觉；交互设计则是负责用户行为的设计和创意，即用户与产品的交互；功能设计的责任在于产品功能的实现和创意，即产品是如何运行的。三个设计类型都有自己的工作范围，设计师不能越界行事，但是一定需要交流。

1. 创新设计可以转化为用户的产品体验

(1) 创新增加产品体验

建立一个体验平台，为了使体验得以延续，企业必须致力于不断创新以提高用户的体验并保持这种企业竞争优势。当然，具有"突破性"的产品，确实能彻底改变某种产品体验，但是有限的资源，不可能使得这种全新创意的产品不断产生。但是，改良式的创新在改善产品一个很小的方面时，同样能带来别样的体验。创新可以演绎为挖掘产品中的可发展因素，改善的结果可以带来全新的产品体验。这种创新的方法可以涉及用户和产品接触的各个方面，因此在产品体验中运用具有非常大的广度和深度。

1) 使产品活起来。在体验经济中，人们尝试做各种各样新鲜的事情。人们在心理上就希望能够不断突破、不断寻求新的感受，对待产品时，同样会存在这种求新的心理。大多数产品设计师关注产品本身的内部技术细节，比如它是怎样工作的，如果注意的中心转移到用户个人对产品的使用上，注重更新的使用感受，结果会是另一番现象。产品设计师不断将新"体验"加入产品设计中，具有很强的创新色彩（图 5-42）。

2) 使产品感知化。为使产品更具体验的价值，也许最直接的方法就是增加某些要素，增加用户与产品之间相互交流的感觉。一些产品可以充分利用它们本身的特性，给人以愉快的感觉。有些产品在感知方面不具备特色，那么产品设计师可以利用某一方面的感官特性，赋予给产品，使其更容易被感知。例如，通过具有凹凸感的字，摸起来沙沙响、没有皱纹或特别光滑的纸面，来大大地提高书籍杂志封面和内页的质量。这种创意在产品上的运用，使产品更易被感知，从而对于产品的体验更深刻。在用户对产品接触或使用的过程中，重视对用户的感官刺激，

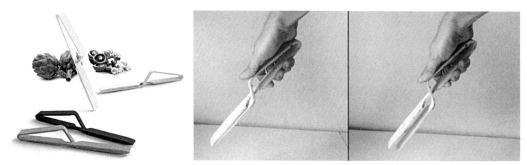

图5-42 一款厨房用夹子设计,由实木构成,利用了材料本身的特性,简单巧妙的弯曲结构实现了"夹"的功能

能使用户体验更加深刻。在创新设计过程中,设计师应该消除一些传统的想法,努力在产品中挖掘能最让人感动的地方,开发一些让人难以忘怀的活动项目与建立吸引用户的主题(图5-43、图5-44)。

(2)创新如何转化为体验

1)创新公司的产品,展示创新的精神,提供给用户深刻的体验。任何公司都必须持续创新,不断提供更高功能、具备新特点的产品或在现有产品的基础上生产新的型号。如果不这样做,

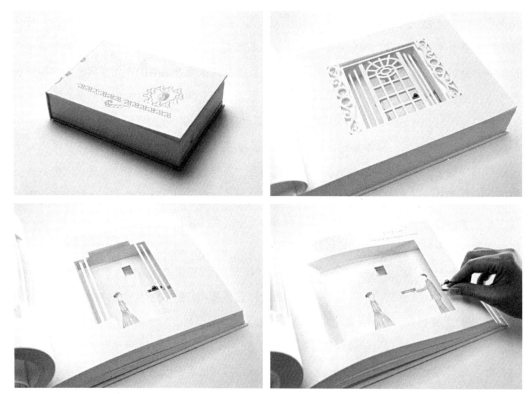

图5-43 戒指的包装借用了立体画形式的书籍装帧设计,新颖而富有意义

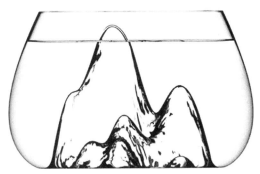

图 5-44 鱼缸设计,体现出浓郁的中国风,颇似水墨,富有意境

现行的产品就失去价值,结果用户对产品会有失望和沮丧的体验。

2)创造出新的解决办法和新的体验而提高用户的生活品质。创新的办法当然不会永远是新的,其他的新办法最终会取代它们。因为,在消费品市场中,所有的产品都遵循着"产品的生命周期"的概念来变化。新产品上市,成功地在市场上增长,直到销售达到成熟期,最后新产品取代它们。一个公司如果能以技术进步来推动创新进而改善人们的生活,就能增加人们的生活体验(图 5-45)。

图 5-45 传统音响品牌丹麦厂商 Bang & Olufsen 对数字时代适应非常快,近年来推出不少区别于传统音箱的产品,这款独特的"数字音乐系统 BeoSound 5",是由配备 10.4in1024 × 768 显示屏的播放器 BeoSound 5 和配有 500GB 硬盘底座的 BeoMaster 5 组成的影音组合

2．将体验融入新产品开发

理想的产品用户体验是任何公司的目标，公司的创新就应该把产品的用户体验融入到产品开发的过程中。大多数研发部门是由工程师和技术人员组成。他们往往忽视用户，特别是在开发过程中忽视用户使用产品的内心想法。我们需要在产品开发进程中吸收产品用户的想法和观点，当然用户的意见不可能涉及错综复杂的技术，但是当一个公司在开发新产品的过程中，有一个基本的创新概念并建立基础产品模型时，就应该按体验的方式作用户测试。在开发阶段就重视产品体验的引入，这样新产品在投放市场时会有更好的市场效益。

市场评估是产品开发过程的一部分，大多数公司在广泛的基础上作生命周期研究、竞争分析等。然而，在产品开发的第一阶段，也还是应当努力去理解用户的体验世界。在新产品开发过程中融入体验是以用户为导向的过程。为了达到这个目的，理解用户的体验世界并在每一阶段融入用户体验就至关重要了。而且，设计团队必须接受用户的建议，并在开发中有所创新。新产品开发的体验方案运行过程，实质也是用户反馈到设计团队、从设计团队到用户反馈的反复过程。在这一反复过程中，不断提出问题，同时也带来了创新地解决问题的方案。

3．创新战略带来全面体验

创新设计在很大程度上直接影响着用户的体验，应将创新融入到产品开发的过程中，及早地捕捉到用户的体验需求，指导产品开发的方向。基于用户体验的创新设计方法可以为产品提供更加全面的体验机制（图5-46、图5-47）。

5.3.2 主题化设计

1．订定主题

（1）构思一个有良好定义的主题

好的设计有时也需要好的名字来烘托，引导人们去想象和体味其中的精髓，让人心领神会而怦然心动，就像写文章一样，一个绝妙的题目能给读者以无尽的想象，无言地深化设计内涵。

图5-46　伊莱克斯每年都会举办"Design Lab"设计竞赛，以用户体验需求为主，让设计师提出各自的创新概念

图 5-47　来自德国的 Kristin Laass 开发的集成方便型微缩厨房，占地面积很小，但是却包含了下厨所需要的所有硬件：烤箱、洗碗池、放碗柜等；另外，不做饭时还可将它组合成一张小桌子，如果住房面积不大，拥有这样一个小厨房是不错的选择和尝试

借助于语言词汇的妙用，给所设计的物品一个恰到好处的命名，往往会成为设计的"点睛"之笔，可谓是设计中的"以名诱人"。以命名方式用在产品上的杰出人物中菲利普·斯塔克就是很好的一个代表，他的每件产品都被赋予了形象化的名字，人们能立即从名字中牵动出无数与产品有关的联想以及了解隐藏在产品背后的故事。通过名字，用户与设计师之间能够建立一种牢靠的统合感，产生一种不寻常的亲切关系。用更诗意的文字创设出迎合人们浪漫心态的更讨人喜爱或者是能引起人们强烈感受、引起美好回忆的产品意象，这可说是市场营销的一种策略，在为产品加上能引起人奇妙幻想的名字的同时，人们将从追求在物质上拥有它们转变为对拥有本身的个体性崇拜和公众艳羡。一个名称能带给我们许多思考和梦想。其给人的心灵上的震撼和情感体验是不言而喻的。

（2）好主题的制定标准

一个创意好的主题，必定能够在某一方影响某些人的体验感受。而所有好的创意主题都会有一些共性的地方，将这些共性之处进行归纳总结，即可为制定创意主题的标准。

1）具有诱惑力的主题必须调整或改变人们对现实的感受。每个主题都要能改变人们某方面的体验，包括短暂时期、地理位置、环境条件、社会关系或自我形象。

2）创意好的主题能深深地打动一定的人群。制定主题要有目标地针对体验人群。这可以与市场细分联系在一起，根据所面对的目标用户，采用最能打动他们的名字。在对用户行为进行研究分析的基础上，更好地分析和理解这部分人群各方面的心理及生理情况，掌握他们的行为和思想方式，制定相应的主题，必能抓住用户群的注意力。

3）富有魄力的主题，能集空间、时间和事物于相互协调的一个系统中。成功主题的引入，能将体验者带入一个故事的情节中。在故事中有空间、时间和事物，体验者的参与使这个主题故事更好地演绎下去。引入一个主题，用讲故事的方法演绎产品现在正被很多企业所采用。很多国际大品牌就是用一个个故事来展现他们深厚的文化底蕴，以此吸引广大消费群体的。

4）好的主题能在多场合、多地点布局，进而可以深化主题。好主题的制定，一定便于更好地推广，并且在点化主题的工作上易于操作，这样人们不断处于这种影响下，进而对于主题化的思想更加深刻和明确。企业的主题化思想深入人心，深化了主题，达到主题化设计的目的（图 5-48）。

2. 强化主题，塑造产品印象

（1）产生印象

主题只是体验的基础，还需要塑造不可磨灭的印象，才能呈现体验，实践主题。对于产品的一个标贴、某个附件都有助于烘托这个产品主题，强调产品印象。所谓印象就是体验的结果，一系列印象组合起来影响个人的行为并实现主题。至于用户对于产品的印象，施密特和西蒙森在《营销美学》中，提出了"整体印象的六个方面：

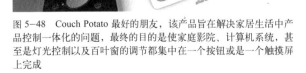

图 5-48　Couch Potato 最好的朋友，该产品旨在解决家居生活中产品控制一体化的问题，最终的目的是使家庭影院、计算机系统，甚至是灯光控制以及百叶窗的调节都集中在一个按钮或是一个触摸屏上完成

时间：关于主题的、传统的、当代的、未来的体现。

空间：城市／乡村、东／西（南／北）、家庭／企业、户内／户外的体现。

技术：手工制作／机器制作、天然／人造的体现。

真实性：原始／模仿的体现。

质地：精制／粗制或者奢侈／便宜的体现。

规格：大／小主题的体现。"

（2）塑造印象

单从词汇中表达印象是不够的，不能更好地深化印象，强调主题。创造应有的印象还必须介入企业的行为，由企业向用户介绍和传达体验的线索，每个线索都要能够很好地体现主题。通过各个正面线索的引入，目的是让体验带来无法抹去的印象。

5.3.3　创造品牌体验

从社会学角度来说，所谓品牌是一种符号化的东西，是一种存在于用户头脑中的印象，对品牌的忠诚本身就可以带来比较良好的体验，尤其是在品牌社会认同度高的时候。在进行体验性产品设计的同时，更多地要考虑到产品的体验价值，将产品嵌入品牌体验的平台中（图5-49）。

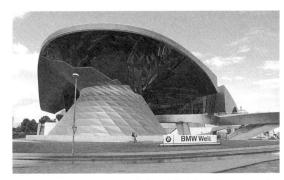

图 5-49　慕尼黑宝马公司最大的品牌体验中心"BMW Welt"

1. 品牌体验的三个方面

某些情况下，如逛商店，用户既有静态的品牌体验也有互动的接触体验。在店内，用户遇到许多成为品牌体验的一部分的静态因素，如设计、店内装潢、店内广告等；也有部分动态的用户接触面，如与销售人员或服务人员的接触。用户接触产品即产生品牌体验，从产品及其外观和感觉上如瓶子、包装物、盒子、其他形式的包装，到产品的沟通上如宣传手册、印刷广告、电视广告等。可以将品牌体验基本归纳为以下三个方面。

（1）产品体验

产品是用户体验的焦点。当然，体验包括产品的功能特点——它是如何的好。但是随着高质量产品的普及，这种功能上的特点在产品竞争中不再占有很大的优势。

从目前的情况来说，产品体验方面的需求比单纯的功能和特点上的需求更重要。首先，要考虑到产品是如何运行的。这个问题，对于不同的人员会有不同的见解。设计人员会用体验的眼光来考虑问题，用户人群也会考虑产品的体验。但用户不同于设计人员，他们没有直接参与设计过程，他们是在与产品的接触中产生体验的，对于用户来说，用起来简单方便才是好的设计。

当然，产品还有美学上的吸引力。产品美学——它的设计、颜色、形状等不应该与功能和体验特点分开来考虑。注重产品的全面体验，产品的各个方面应该凝聚在一起，形成最优化的整体（图 5-50）。

图 5-50　Mini 是一款风靡全球、个性十足的小型两厢车，独特的品牌风格深受年轻人喜欢

（2）外观

产品的外观是品牌体验的另一个关键方面。用户不仅可以看到产品外观上的图形设计，产品在柜台上的排列方式以及产品的宣传海报等都可以算得上是产品的外观。概括地说，产品的外观包括用户视觉范围内可以捕捉到的产品形象（名字、设计）、产品的包装、店内的陈列、宣传图册等（图 5-51）。

（3）体验沟通

品牌体验，还要增加与用户的沟通。这种沟通是以产品为中心并且注重结果的，也是以销售为导向的。而更好的沟通，就是你能够设身处地地体验客户的感受，再去为客户提供更好的体验感受。对于企业来说，最终的目标还是增加销售（从新的用户、现有用户及附加购买上）。事实证明，广告在销售

图 5-51　三宅一生为"evian"设计的矿泉水瓶，很好阐述了该品牌在用户心中的印象

过程中成为最主要的推销形式。在营销
活动中，广告是企业品牌与用户沟通的
重要桥梁。然而，当今面对信息爆炸、
广告狂轰滥炸体验式广告活动就是为用
户在其消费前和消费后所提供的一些刺
激，它把体验符号化了，体验的基本事
实清楚地反射于其符号中，广告的意义
就是利用符号来刺激体验这样的体验式
广告，加深用户对体验经历的记忆，或
者本身就是一次体验经历。体验式广

图 5-52　Walk Raleigh，安装在十字路口的指示系统，这些标志包含一些基本的信息：用箭头指示方向；用色彩区分内容；用文字表明步行至目的地所需的时间——这样的指示设计更加醒目、清晰

告必须挖掘新鲜体验元素作为主题，使广告感知化，增加用户与广告之间相互交流的感觉（图5-52）。

2. 基于体验的品牌传播

在体验经济时代，品牌传播是将企业品牌与用户联系最为紧密、也是最为关键的一环。品牌传播必须充分考虑目标用户对个性化、感性化的体验追求，使用户在体验的同时达到品牌传播的效果，从而加强用户对品牌的忠诚度。

（1）将品牌传播上升到企业战略高度

企业想得竞争优势，要么比别人成本更低，要么有独特的特点。面对产品同质化以及用户对个性化体验的渴求之间的矛盾，以形成品牌差别为导向的市场传播（即品牌传播）成为企业打造竞争优势的重要战略平台之一。因为用户每一次对某一品牌产品的消费，从开始接触到购买再到使用，都是一次体验之旅，而这些体验也将会强化或改变用户原有的品牌认识。所以，企业要把品牌传播提升到战略的高度，以系统的科学观协调好企业的各方面，为用户创造一体化的体验舞台。

（2）准确定位品牌，捕捉用户心理

品牌定位是决定一个品牌成功与否的关键。准确的品牌定位来源于对用户的深度关注和了解。用户既是理性的又是感性的，而且市场证明满足用户生理性的消费需求是有限的，而情感性的消费需求却是无限的。依据目标用户的个性特征，塑造一个具有个性的感性品牌，无疑在体验经济时代具有很强的生命力。这种感性的品牌个性让用户在更多的体验中享受品牌带来的个性化刺激。但这并不否认品牌理性特征的重要性，因为无论是用户的感性还是品牌本身的感性，实际上都来源于其各自的理性。品牌定位的焦点在于寻找品牌个性特征与用户需求之间的交叉点和平衡点。更重要的是，定位不在产品本身，而在用户的心底。用户的心智必将成为体验经济时代品牌传播的"众矢之的"，抓住用户心理是获取品牌忠诚的必经之路。在用户享受品牌体验之中传播品牌个性，紧扣用户心智的脉搏，达到"心有灵犀一点通"的境界。

（3）提炼品牌传播主题，把握品牌接触点，提供全面用户体验

企业所做的每一件事和没有去做的每一件事，都在传达出有关的品牌信息。提炼一个好的传播主题和口号对品牌传播具有举足轻重的意义。它可以鲜明地彰显和宣扬品牌个性，让用户很快建立起品牌与自己生活方式、价值观念的情感联系。在某种程度上，品牌传播的主题就是用户体验的主题。在品牌传播的过程中，详细规划接触用户的过程，并在其过程中传播产品的品牌信息。这样长时间地给予用户全面的体验，使用户对产品产生印象和记忆，并且对产品进一步地产生感性认知。以此种形式，充分利用品牌的接触点，以产品作为道具，为用户提供更多、更全面的体验服务（图5-53）。

图5-53　原研哉在2011年的中国设计展上，给中国用户带来了"无印良品"的品牌文化体验

第三部分

以用户为中心的产品设计实例

第6章 | 以用户为中心的厨房设计

本章结合"中国家庭厨房使用方式调研及厨房设计"的实际案例,以大量的数据和资料详述了中国家庭厨房的使用情况,展示了以家庭使用者为中心的厨房设计方案,是一个包含了"立项—调研—分析—总结—设计—反馈"全过程的以用户为中心的设计案例。

6.1 项目概况

2011 年 5 月,浙江理工大学科技与艺术学院产品体验与创新中心受惠而浦(中国)投资有限公司委托,开展一项关于中国家庭厨房使用方式的全方位调研及基于调研结果的中国式厨房设计。

2011 年 6 ~ 12 月本中心对浙江各地区的家庭厨房信息、厨房使用方式、厨房电器三大内容作了问卷和实地访问调研。调研共收集到覆盖城市、城镇、农村的高、中、低收入阶层近120 份文字及图片信息资料。本次调研覆盖面广,有一定的调研深度,而且浙江作为沿海发达地区和人口大省,调查结果对了解中国家庭厨房使用状况有一定的代表性,有较高的参考价值。

调研结束后,惠而浦(中国)投资有限公司组织研发队伍和本中心师生一起就调研信息作了研讨和总结,并且针对调研所获结论展开畅想式中国厨房设计工作坊。本项目在整个调研和最后设计过程中,取得了较为丰富的成果,获得了惠而浦(中国)投资有限公司研发中心的充分肯定(图 6-1 ~ 图 6-3)。

图 6-1 惠而浦亚太设计总监介绍惠而浦公司及项目的具体要求

图6-2 浙江理工大学科技与艺术学院产品体验与创新中心部分师生与惠而浦研发团队成员合影

图6-3 惠而浦商标

惠而浦

附：惠而浦公司简介

惠而浦公司（Whirlpool Corporation）创立于1911年，总部位于美国密歇根州的奔腾港，是世界上最大的大型家用电器制造商之一。其白色家电产品已连续11年保持全球市场占有率领先。

惠而浦旗下拥有Whirlpool、Maytag、KitchenAid、Jenn-Air、Amana、Brastemp和Bauknecht等众多知名国际品牌，业务遍及全球170多个国家和地区，在全球拥有47个生产基地，26个研发中心和4个设计中心。百年来，惠而浦集团始终致力于为全球消费者提供品质卓越的家电产品，其产品涉及洗衣机／干衣机、微波炉、冰箱、空调、灶具、抽油烟机、洗碗机、油热汀及家庭厨房垃圾处理机等9大系列。目前，惠而浦的品牌已深入人心，根据国际权威产业／市场调查机构EUROMONITOR 2011年全球家电市场品牌拥有商市场份额报告，惠而浦公司以9.5%的市场份额傲视同侪。

1994年，惠而浦家电集团便确立了其在中国市场的长期发展战略。2002年，惠而浦亚洲洗涤技术中心、国际采购中心以及深圳技术中心成立。2009年，投资9亿元在浙江长兴建立合资工厂，产品出口至世界各地。

6.2 项目内容

本项目是在惠而浦（中国）着力研发生产适合中国家庭使用的厨房产品这一背景下展开的。

因此，本次调研围绕"中国家庭厨房使用方式"展开，对100多户家庭作了实地的走访考察，进行了大量的信息汇总整理、归纳、分析及后期的设计工作坊。

本项目分三个部分。

1. 调研问卷的制定及调研的展开

浙江理工大学科技与艺术学院产品体验与创新中心与惠而浦（中国）投资有限公司研发中心经过多次沟通交流，共同制定了详细而有针对性的调研问卷，共覆盖四大方面内容：受访信息、厨房使用方式、厨房电器和厨房图片信息。

2. 调研报告及分析

浙江理工大学科技与艺术学院产品体验与创新中心对调研信息做了大量的归纳整理工作，并且基于这些信息总结出中国家庭厨房使用方式的若干特征，对下一步厨房设计及以后的厨房研发都提供了重要的信息参考和信息储备。

3. 调研汇报及设计工作坊

浙江理工大学科技与艺术学院产品体验与创新中心在调研结束后向惠而浦（中国）投资有限公司研发中心作了项目成果总结汇报，并根据调研结论展开了设计工作坊，工作坊中学生们所做的符合中国家庭使用的厨房设计方案获得了惠而浦公司的好评。

6.2.1　调研问卷的制定及调研的展开

惠而浦"中国家庭厨房使用调查"问卷

尊敬的先生、女士：

非常感谢您参与惠而浦"中国家庭厨房使用调查"，以下问卷可能会占用您的一些宝贵时间，我们对由此带来的不便表示歉意，对您的支持表示由衷的感谢！

第一部分：受访者基本信息

受访人信息：

姓名	年龄	职业	性别	教育程度	联系方式

家庭信息：

家庭成员数	家庭年收入	所在地区

厨房信息：

1. 厨房面积：□ 5 ～ 8m² 　　□ 8 ～ 12m² 　　□ 12m² 以上

2. 厨房平均使用频率：□小于 1 次／天　　□1～2 次／天　　□3 次／天　　□大于 3 次／天

3. 厨房使用人／做家务者：□妻子　　□丈夫　　□妻子和丈夫轮流／分工　　□保姆　　□父母

第二部分：厨房使用调查

1. 您在哪些场所购买食材？

A. 超市　　B. 菜场　　C. 街道小摊　　D. 自种

2. 您购买冷冻食材还是新鲜食材？

A. 冷冻食材为主　　B. 新鲜食材为主　　C. 冷冻食材和新鲜食材差不多均衡

3. 您家饭菜口味是什么类型为主？

A. 蒸煮类　　B. 小炒类　　C. 爆炒类　　D. 油炸类

4. 您经常尝试一些新的食谱吗？

A. 经常　　B. 一般　　C. 偶尔　　D. 没有

如果有，一般通过什么途径？

A. 看电视或网络　　　　　　B. 看菜谱书籍

C. 自己琢磨　　　　　　　　D. 请教做菜比较有经验的人

E. 去针对性的家庭厨艺班学习

5. 您如何用早餐？

A. 家里做早餐　　　　　　　B. 外买早餐回来在家吃

C. 上班路上购买早餐解决　　D. 早餐基本不吃，持敷衍态度

6. 您家早餐以什么食物为主？

_____

7. 当有客人来拜访您时，您倾向于？□在家用餐　　　□外面就餐

请说明原因？

_____

8. 西式饮食文化是否对您的饮食习惯带来影响？　□是　　□否

如果是，主要在哪些方面？

_____

9. 在烹饪时，您是否碰到后面的菜做好后，前面的菜变凉的情况？□是　　□否

如果是，您如何解决？

_____

10. 您对当前突出的食品卫生安全问题是否关注？（比如农药蔬菜、漂白大米、瘦肉精等）
□是　　□否

如果是，您采取了什么措施？

_____

11. 在烹饪时，哪些声音您觉得需要听见？

A. 电话、手机铃声

B. 外界与您的谈话声

C. 小孩子活动的声音

D. 门铃声

E. 其他　请注明：_____

12. 打理厨房时您觉得哪些方面比较麻烦？

A. 油渍比较难清洗

B. 厨房比较湿滑，需要小心

C. 厨房物品比较繁杂，不利于大面积清洗

D. 除虫时药水药粉容易染到器皿

13. 您觉得厨房有哪些安全隐患？

A. 厨房地板太潮湿，容易滑倒

B. 厨房潮湿可能有漏电隐患

C. 刀具等利器容易伤人

D. 电器老化起火或煤气泄漏中毒、爆炸

E. 忽视烹饪进程而导致失火等突发状况

F. 其他 _____

14. 烹饪过程中，您是否因意外而发生一些身体伤害？□是　　□否

如果是，具体有哪些？

_____

15. 针对您家目前的厨房，在未来几年中，您希望在哪些方面有所改进？

_____

_____

16. 您理想中的厨房应该是怎么样的？

_____

_____

第三部分：厨房电器调查

油烟机／灶具／消毒柜：

1. 油烟机是否把油烟吸收干净？ □是　　□否

2. 您是如何解决油烟机的清洗问题的？

A. 定期请保洁人员清理

B. 等很脏了才请保洁人员清洗

C. 定期自己清理

D. 等很脏了自己清洗

3. 厨房是否有消毒柜？ □是　　□否

如果是，它的主要用途是？

A. 消毒器皿

B. 消毒兼储藏器皿

C. 储藏器皿

微波炉：

您在使用微波炉时遇到过什么麻烦？

_____

冰箱：

1. 您家冰箱的用途是什么？

A. 冷藏保鲜食物

B. 保鲜之外，还用来当储藏柜使用

C. 制作冷饮食品

D. 给热饮降温

E. 敞开冰箱为厨房空气降温

F. 其他 _____

2. 冬天使用冰箱吗？ □是　　□否

3. 您家的冰箱在存储食物时是怎样一个布局状况？

A. 各种食物合理排布

B. 食物排布大体规整，但偶有凌乱

C. 食物排布不规整，摆放有些随意

D. 食物排布不讲究，能塞下就可以

4. 您是否碰到过冰箱中的食物过了保质期这种状况？ □是　　□否

如果是，是什么原因导致过期？

_____

如果是，哪些食物容易过期？

第四部分：厨房照片拍摄

在调查结束后，我们要求调查者拍摄被访者的厨房现场照片，具体要求如下：

客厅（侧重拍摄风格）	厨房（整体布局等）	油烟机（整体和腔体）	灶具和锅（灶头与锅的搭配关系）	消毒柜（正视图与内部图）	冰箱（内腔的食物放置和关闭状态下的外观）	微波炉（外观和界面 UI）	洗衣机（界面和使用环境）	烤箱（外观和内部构造）
1～2pics	2～3pics	1～2pics	2～3pics	1～2pics	4～6pics	1～2pics	1～2pics	1～2pics

6.2.2　调研报告及分析

惠而浦"中国家庭厨房使用"调研报告

第一部分：调查要素概况

1. 调查范围

浙江省。浙江省为长三角经济发达省份，涵盖了 11 个市和地区，具体地理位置见图 1。

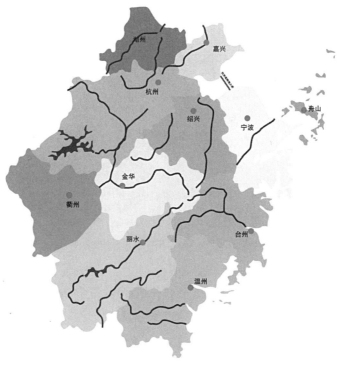

图 1　浙江省概况图

本次"家庭厨房使用"的调查范围基本涵盖了浙江省的各个县市区，具体为：杭州、宁波、温州、绍兴、金华、嘉兴、台州、湖州。其中，杭州、宁波和温州的调研对象比例相对较高。丽水、舟山和衢州因缺少资源渠道未能列入调研行列。

本次调研对象涵盖了青年家庭 28 户，中年家庭 64 户和老年家庭 20 户。其中，中年家庭受访比例相对较高，青年和老年家庭偏低（图 2）。

本次调研对象涵盖了低、中、高各个收入阶层。其中，中等收入受访对象比例相对偏高，占有 58 户，低收入和高收入比例偏低，分别为 24 户和 30 户。由于部分受访用户不愿意公开收入，或者未能如实填写收入，收入等级划分将按照实访家庭条件而定（图 3）。

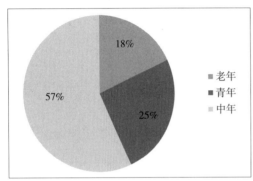

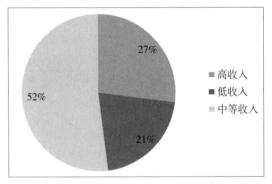

图 2　受访家庭青、中、老年龄段分布比例　　　　图 3　受访家庭收入分布比例

本次调研对象地域分布为农村、城镇、城市。受访对象大部分为浙江各县市居民，城镇居民偏多，占了 59 户，其次是市区居民 41 户，农村受访家庭相对偏少，只有 12 户（图 4）。

2. 调查效果及效率

本次调查计划受访数 115 户，实际受访数 112 户，实际获得问卷 97 份，获得照片 107 份。问卷填答有效性约 95%，照片有效性约 97%。

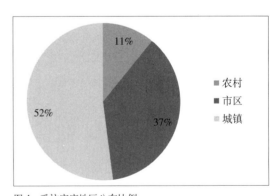

图 4　受访家庭地区分布比例

受访户数缺失原因：因受访人无法按计划联系到而导致调查中断。

资料缺失原因为：

（1）资料收集过程中由于受访用户未能填写问卷和途中遗失等原因共计 15 份。

（2）个别调查者出现照片文件损坏等 5 份。

第二部分：调查所获信息

一、厨房信息调查

1. 本次调研对受访用户厨房面积作了如下统计（表 1、图 1）

受访家庭厨房面积统计（注：其中 1 户未填写）			表 1
厨房面积	5 ~ 8m²	8 ~ 12m²	12m² 以上
户数	51 户	33 户	12 户

结论：在本次调查中，5 ~ 8m² 的经济型厨房占据比例过半，其次是 8 ~ 12m² 的舒适型厨房，约占 3 成。厨房面积受家庭收入、地区影响较大。

2. 本次调研对受访家庭的厨房使用频率作了如下统计（表 2、图 2）

受访家庭厨房使用频率统计（注：其中 4 户未填写）				表 2
次数	小于 1 次	1 ~ 2 次	3 次	大于 3 次
户数	15 户	36 户	22 户	20 户

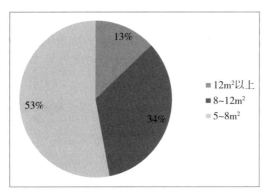
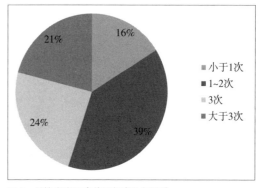

图 1　受访家庭厨房面积比例统计　　　　图 2　受访家庭厨房使用频率比例统计

结论：在本次调查统计中得出，大部分家庭厨房使用率处于正常水平，16% 的家庭基本闲置厨房，其原因需要进一步调查；约 20% 的家庭反映每天大于 3 次使用厨房，原因可能与老人、小孩有关，但需要进一步确认。

3. 本次调研对厨房使用者作了如下统计（表 3、图 3）

厨房使用者调查统计（注：其中 3 户未填写）				表 3
使用者	妻子	丈夫	家庭分工	保姆	父母
户数	58 户	4 户	28 户	5 户	7 户

结论:在本次调查中发现,家庭厨房使用率最高的为妻子,最低为丈夫。这个原因可能与"女性下厨房"的传统观念有关,导致女性善厨者多,男性下厨者少的现象。确切原因需要作进一步调查分析。

二、厨房使用方式调查

本部分对厨房使用方式和行为习惯调查作了详细报告,具体数据和分析如下。

1.家庭购菜场所(表4、图4)

家庭购菜场所调查统计　　　　　　　　　　　表4

购菜场所	超市	菜场	街道小摊	自种
户数	28户	88户	8户	3户

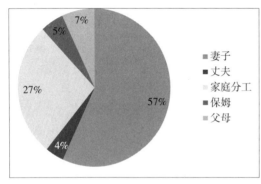

图3　厨房使用者调查比例统计

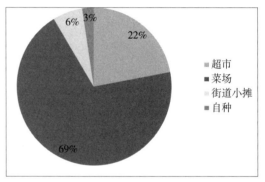

图4　家庭购菜场所比例统计

结论:本次调查从数据分析可得知,绝大多数家庭通过菜场购买食材。可能与菜场菜系丰富、价格相对合理有关。具体原因需要进一步调查。

2.家庭购买食材类型(表5、图5)

食材类型调查统计　　　　　　　　　　　表5

类型	冷冻食材为主	新鲜食材为主	冷冻食材和新鲜食材差不多均衡
户数	2户	83户	12户

结论:从统计数据来看,受访家庭基本上购买新鲜食材,冷冻食材起补充作用。

3.饭菜口味类型(表6、图6)

饭菜口味类型调查统计　　　　　　　　　　　表6

口味类型	蒸煮类	小炒类	爆炒类	油炸类
户数	24户	83户	8户	3户

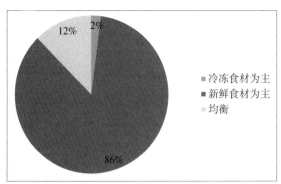

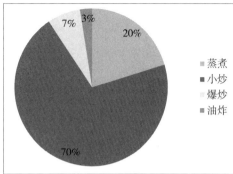

图 5　食材类型比例统计　　　　　　　　　　图 6　饭菜口味类型调查比例统计

结论：从表 6、图 6 可以看出，基本上受访家庭饭菜口味为小炒型，其次为蒸煮类。这项结论符合江浙地区清淡口味为主的饮食习惯。

4. 新菜肴的尝试制作（表 7、图 7）

新菜肴尝试度调查统计				表 7
制作程度	经常	一般	偶尔	没有
户数	15 户	22 户	43 户	17 户

结论：从表 7、图 7 中看出，大部分受访家庭会一定程度地尝试新食谱。至于尝试什么类型的菜系需要进一步调查。

5. 新菜肴制作方法的获取途径（表 8、图 8）

新菜肴制作方法的获得途径统计（注：其中 18 户未填）					表 8
途径	电视网络	菜谱书籍	自己琢磨	请教别人	厨艺班
户数	35 户	14 户	29 户	21 户	1 户

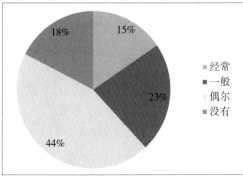

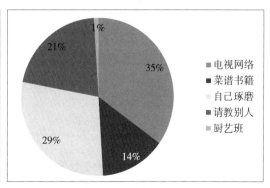

图 7　新菜肴尝试度比例统计　　　　　　　　图 8　新菜肴制作方法获取途径比例统计

结论：通过调查，我们发现人们获取新食谱的途径有各自的选择，排在第一位的是电视网络，其次是自己琢磨，多数人会采用图表中的多种途径获取新食谱。至于用户是主动还是被动获取信息需要作进一步调查，其结果可能对食谱产品研发有一定的参考价值。

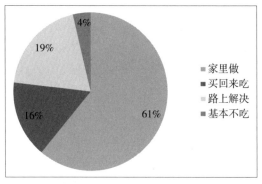

图 9　早餐就餐情况比例统计

6. 早餐就餐情况（表 9、图 9）

早餐就餐情况调查统计　　　　　　　　　　　表 9

就餐情况	家里做早餐	外买回来家里吃	上班路上解决	基本不吃，敷衍状态
户数	66 户	17 户	21 户	4 户

结论：从调查中发现，绝大多数家庭对早餐持积极态度，其中大部分受访家庭在家里自做早餐。

7. 早餐种类（表 10、图 10）

早餐种类调查统计（注：其中 9 户未填写）　　　　　表 10

早餐种类	粥	面	豆浆	牛奶	面包、包子	其他
户数	46 户	49 户	15 户	11 户	33 户	11 户

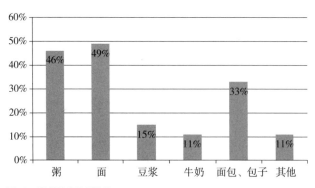

图 10　早餐种类比例统计

结论：从调查中发现，大多数家庭都会选择面、粥、豆浆、包子之类作为早餐，也反映出江浙一带的早餐饮食风格，西式早餐受众面很小。

8. 待客用餐场所（表 11、图 11）

用餐场所调查统计　　　　　　　　　　　　　　　　　表 11

用餐意向	在家用餐	外面用餐	视情况而定
户数	50 户	44 户	3 户

9. 以下为选择在家用餐与在外用餐理由比较（表 12）

在家 ／ 在外就餐选择的理由分析　　　　　　　　表 12

在家用餐	外面用餐
在家卫生，清洁	外边就餐方便，不用做菜和清洗
在家用餐气氛好，有诚意	外边就餐口味好
在家用餐方便，经济实惠	主人没有充足时间准备
喜欢自己做饭菜	家里拥挤，坐不下很多人

　　结论：调查发现，在待客上，受访家庭选择在家用餐略微多于在外用餐，从表 12 中得出在家用餐和在外用餐有各自的优势：在家用餐注重卫生、诚意与实惠；在外就餐注重方便快捷、菜肴口味等。外面就餐是否存在气氛好、有诚意，受访家庭没有列举，需要进一步调查。

　　选择在家就餐和在外就餐的家庭特征尚待进一步调研。

10. 西式饮食文化对中式餐饮的影响（表 13、图 12）

饮食文化影响的调查统计（注：其中 1 人未填写）　　　　　表 13

饮食文化影响	有	没有
户数	26 户	70 户

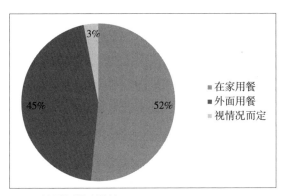

图 11　用餐场所比例统计

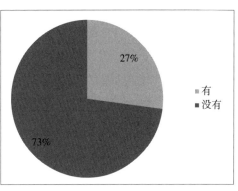

图 12　是否受西式饮食文化影响的比例统计

11. 以下为西式饮食对受访家庭餐饮影响方面的统计（前 10 条）（表 14）

西式饮食对受访家庭餐饮影响方面的统计		表 14
1	换口味	
2	西餐饮食会享用一下，一般喜欢中餐	
3	会尝试做自己的西餐	
4	更注重营养搭配	
5	方便、快捷	
6	少而精致	
7	就餐地点安静，比较适合聊天	
8	简单方便、不浪费	
9	我觉得不习惯	
10	吃法不一样	

结论：从调查中发现，受访家庭受西式餐饮影响较小，只有 27% 的人肯定了西式饮食带来的影响，在回答具体哪些方面受影响的时候，多数人只列举了西餐文化的表层内容，所答问题较为模糊。这个可能归结于中西式餐饮文化差异太大，受访家庭很难接受，西餐文化未能完全渗入中国饮食。对受西式餐饮影响的家庭用户作生活特征的调查有助于更好地了解西式餐饮在中国的影响趋势。

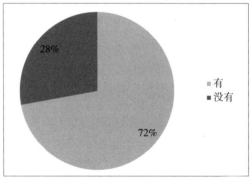

图 13　后菜做好前菜变凉现象存在状况比例统计

12. 烹饪时菜序热冷情况（表 15、图 13）

后菜做好前菜变凉情况调查统计		表 15
后菜做好前菜变凉的情况	有	没有
户数	70 户	27 户

13. 以下为受访家庭反馈解决前后菜冷热关系的措施（前 15 条）（表 16）

解决前后菜冷热关系的措施		表 16
1	微波炉再加热一下	
2	边煮边吃，将就着吃	
3	有时会用盒子保温	

续表

4	随意，不太在意
5	先烧难烧、花时间的，后烧容易的、快的，比如蔬菜
6	尽量把菜做得快点
7	采用保鲜膜保热
8	没好办法解决
9	几道菜尽可能同时烹饪
10	调整烧菜顺序

　　结论：在调查中发现，约 7 成家庭遇到前后菜的冷热问题。在处理该问题上，较多的家庭采用微波炉加热的方式，其次是保温盒保温，也有部分家庭采用加快做菜节奏的方式来解决这个问题，偶有家庭边做边吃。

14. 食品安全卫生关注度（表 17、图 14）

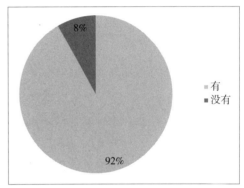

图 14　食品卫生安全关注度比例统计

食品卫生安全关注度调查统计　　　　　　　　　　　　　　　　表 17

关注食品卫生	有	没有
户数	89 户	8 户

15. 以下为受访家庭对于食品安全所采取的防范措施（前 15 条）（表 18）

保障食品卫生安全措施统计　　　　　　　　　　　　　　　　　表 18

1	洗得干净点
2	多洗，洗干净点
3	尽量吃新鲜食品
4	不会采取什么措施，大家都这么吃
5	买菜时尽量找熟悉的摊位，洗得仔细点
6	虽然担心，但不会刻意采取措施
7	买来后用食盐水浸泡，采取一定的防范措施
8	吃时令蔬菜，买新鲜肉类，看新闻报道
9	对于有问题产生的产品尽量避免不吃
10	会去比较，采购时倍加小心

续表

11	蔬菜要漂洗干净，多吃带皮的果蔬，买来时要观色，不能买太白的米，卖肉也要仔细观察
12	尽量科学处理
13	到正规场所采购肉和大米，蔬菜适当凉水浸泡
14	无可奈何
15	夏天时，青菜比较容易长虫子，农药用得会比较多些，一般会在清水里浸泡半小时

结论：调查显示，超过 90% 的家庭重视食品卫生安全问题。针对该问题的解决措施，受访家庭普遍反映重在预防：比如购买前筛选、做菜前清洗干净、到正规商店购买等。所采取的措施基本出自个人经验判定，相对来讲属于被动预防举措。少部分家庭也表现出对该类问题无可奈何。

16. 烹饪时需要听到的声音（表 19、图 15）

烹饪时需听到的外界声音类别调查统计（注：其中 3 户未填写）　　　表 19

需听到的声音	电话铃声	外界谈话声	小孩活动声	门铃声	其他
户数	73 户	24 户	30 户	52 户	1 户

结论：调查显示，多数家庭反映烹饪时需要听到电话、手机铃声和门铃声，小孩活动声相对比例较低，可能与受访家庭是否拥有小孩的比例有关。

17. 打理厨房时的麻烦之处（表 20、图 16）

清理厨房时的麻烦之处调查统计（注：其中 2 户未填写）　　　表 20

麻烦之处	油渍难洗	厨房湿滑	物品杂碎，不利于大面积清洗	除虫药水易染器皿
户数	82 户	19 户	25 户	13 户

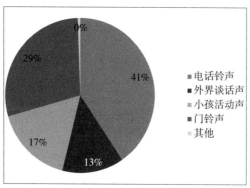

图 15　烹饪时需听到的外界声音类别比例统计

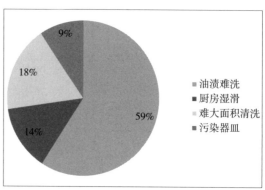

图 16　清理厨房时的麻烦之处比例统计

　　结论：调查显示，清理厨房油渍是打理厨房的第一大麻烦。原因可能与油烟机吸油烟效果和锅中沸油外溅有关，详细原因需要作进一步调查。不少家庭也反映物品杂碎不利于厨房清洗。

　　18. 厨房安全隐患（表 21、图 17）

厨房安全隐患调查统计（注：其中 7 户未填写）　　　　　　　表 21

安全隐患	地板潮湿易滑倒	厨房潮湿漏电	刀具利器容易伤人	电器老化或煤气泄漏、爆炸	烹饪时失火	其他
户数	32 户	17 户	19 户	47 户	30 户	1 户

　　结论：通过调查，电器老化或煤气泄漏、地板湿滑和烹饪失火在厨房安全隐患中占据比例较高，如何有效防止安全事故发生需要相应对策。

　　19. 烹饪时的身体伤害情况（表 22、图 18）

烹饪时是否造成身体伤害的调查统计（注：其中 2 户未填写）　　　　　表 22

造成身体伤害	有	没有
户数	40 户	55 户

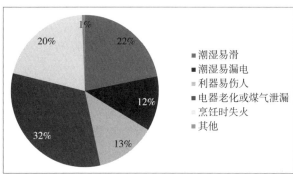

图 17　厨房安全隐患比例统计

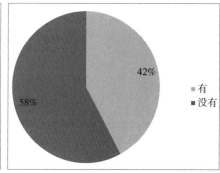

图 18　烹饪时是否造成身体伤害的比例统计

　　20. 以下为受访家庭对烹饪时身体伤害状况的反馈统计（前 10 条）（表 23）

烹饪时身体伤害状况统计　　　　　　　表 23

1	油溅到手
2	燃气灶的煤气管老化，起火
3	油溅到脸上
4	切到手指

5	油炸伤手
6	油锅起火
7	手被割伤
8	热油溅到身上
9	烫伤
10	油烟高温、烫伤皮肤

结论：调查显示，约 4 成受访家庭表示在烹饪时有意外伤害，主要表现在油飞溅到身上造成烫伤，其次为刀具切到手。

21. 理想厨房畅想（前 15 条）（表 24）

理想厨房描述调查统计　　　　　　　　　　　　　　　　表 24

1	全自动化，机器人操作
2	没有油烟，打造一个清洁、卫生的厨房，最好还是一个无人力劳动、纯电子化厨房
3	宽敞明亮
4	我现在的厨房感觉不错
5	采光佳，通风良好，整齐、整洁
6	厨房智能化水平
7	效率高、油烟少、噪声低、环境舒适
8	在未来有一个更高科技、更便于使用、更人性化的厨房
9	厨房大小 $20m^2$，有齐全的厨房用品，有客人来能摆上两桌
10	智能、安全，能解决食品多样化制作问题
11	干净、整洁、美观大方
12	透明、干净、无油烟，各类用品俱全
13	光亮、通气，油烟散得快
14	面积大点，漂亮实用点就行了
15	全自动

结论：从受访家庭的反馈来看，他们对未来厨房的构思主要基于下述考虑：

(1) 厨房油烟少，油渍异味少；

(2) 厨房环境整洁、干净、明亮；

(3) 厨房设备自动化、科技化、人性化。

三、厨房电器调查

(一) 油烟机／灶具／消毒柜

1. 油烟机吸油烟效果（表 25、图 19）

油烟机吸油烟满意度调查统计（注：其中 1 户未填写）　　　　　表 25

吸油烟干净	是	否
户数	45 户	51 户

结论：约半数家庭反映油烟机未能有效吸收油烟，具体原因可能与油烟机品质、功能、机型和烹饪用油习惯有关，需要进一步调查。

2. 油烟机清洗问题（表 26、图 20）

油烟机清洗问题调查统计（注：其中 1 户未填写）　　　　　表 26

解决方法	定期请保洁人员清洗	等脏了请保洁人员清洗	定期自己清洗	等脏了自己清洗
户数	16 户	9 户	65 户	12 户

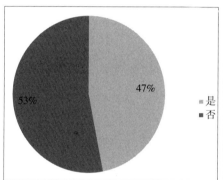 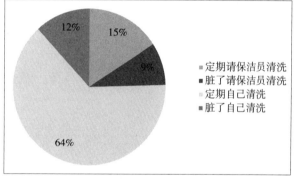

图 19 油烟机吸油烟满意度比例统计　　　图 20 油烟机清洗问题比例统计

结论：大部分家庭油烟机自己定期清洗，这一现象是否和免拆洗油烟机型有关需要进一步论证。

3. 消毒柜拥有情况（表 27、图 21）

消毒柜拥有情况调查统计（注：其中 2 户未填写）　　　　　表 27

拥有情况	是	否
户数	60 户	35 户

结论：调查显示，过半家庭拥有消毒柜。作为厨房 3 件套，仍有近 4 成用户未安装消毒柜，其中原因需要进一步调查。

4. 消毒柜用途（表 28、图 22）

消毒柜用途调查统计		表 28
主要用途	消毒器皿	消毒兼储藏器皿
户数	19 户	43 户

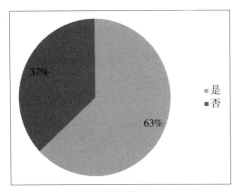

图 21　消毒柜拥有情况比例统计　　　　　图 22　消毒柜用途比例统计

结论：调查显示，在拥有消毒柜的家庭中，消毒柜除了消毒作用外，另一个功能是用来储藏。

（二）微波炉

1. 在使用微波炉时遇到的问题（前 15 条）（表 29）

微波炉使用时遇到的问题统计		表 29
1	加热某些食物会爆开	
2	金属器皿不能加热	
3	食物加热中会有爆破音	
4	担心辐射太大	
5	很多功能用不上，部分容器不能使用	
6	时间太久导致东西焦掉	
7	用得不多，所以时间不好掌握	
8	功能太多，细化的没必要，有的真需要的又没有	
9	解冻时，把部分食材做熟了	
10	拿到东西时，手容易被烫到	
11	内部油腻，不易清洗	
12	在加工食品时，有些食品不知道具体加工时间，以至于食品不能食用	
13	天气变化，潮湿容易烧掉	
14	食品口味单一，烧不熟也有可能发生	
15	比较难清理	

结论：调查显示，受访家庭普遍反映在使用微波炉时会遇到麻烦，主要体现在：

（1）附加功能太多，使人眼花缭乱；

（2）不能合理控制食物加热时间；

（3）加热不均匀；

（4）加热食物有异响和爆破音；

（5）内胆清洗麻烦；

（6）担心辐射问题。

（三）冰箱

1．冰箱的用途（表 30、图 23）

冰箱用途的调查统计（注：其中 4 户未填写）				表 30
用途	冷藏保鲜	当储藏柜使用	制作冷饮	热饮降温
户数	77 户	35 户	27 户	13 户

结论：调查显示，冰箱除了冷藏之外，呈现多功能化的特征。由于该项调查是选择项形式，如采用开放式问答，可能会获得更多信息。

2．冰箱存储食物的布局状况（表 31、图 24）

食物布局状况调查统计（注：其中 4 户未填写）				表 31
布局状况	各种食物合理排布	食物大体规整，偶有凌乱	食物排布不规整，摆放有点随意	食物排布不讲究，能塞下就可以
户数	25 户	42 户	23 户	10 户

总结：调查显示，只有少数家庭做到了食物合理排布，大部分未能做到有条理摆放食物，这个可能与个人习惯有关系。至于不规整摆放食物是否带来生活上的麻烦需要进一步调查。

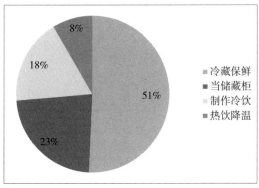

图 23　冰箱用途调查比例统计

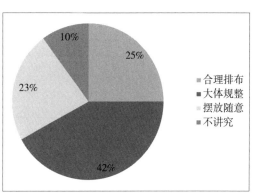

图 24　食物布局状况调查比例统计

3. 冰箱食物过期状况（表 32、图 25）

食物过期情况调查统计（注：其中 4 户未填写） 表 32

过期情况	是	否
户数	61 户	33 户

4. 以下为用户反映的导致食物过期的原因统计（表 33）

导致食物过期原因统计 表 33

1	归类不仔细
2	放太久
3	小东西不太注意
4	放得太里面不易发现
5	储放过久
6	忘记食物的存在而过期
7	忘用了，忘记吃
8	经常不在家
9	冰箱没有设置分区存放
10	食物不易保存，保质期太短

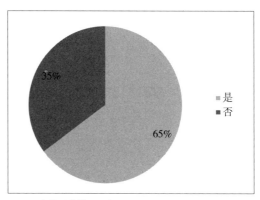

图 25　食物过期情况比例统计

结论：调查显示，导致食物过期的主要原因是因为长时间忘记食用，或者置于角落未能发现，其次是忽略食物保质期短而导致过期。

5. 以下为受访家庭对易过期食品的列举统计（表 34）

部分易过期食物统计 表 34

1	奶制品、豆制品
2	海鲜
3	水果、蔬菜
4	冷冻速食产品
5	饮料、面包
6	肉类

结论：调查显示，受访家庭普遍反映奶制品、豆制品、海鲜类、蔬菜、鲜肉容易过期。

第三部分：厨房图片信息

本部分选取了调研中获得的厨房图片信息（部分）：

从调研所拍摄的厨房照片来看，在厨房装修风格上，高收入和中等收入，青年和中年之间差别不大，低收入老年阶层相对比较陈旧，城市、城镇和乡村之间风格差距不大。在厨房电器配备上，高、中、低收入阶层，老、中、青年阶层均相对齐全，但存在电器高、低档之分，高收入者相对豪华，低收入者相对简陋。从众多照片看来，各户家庭厨房使用状况差别不大，均有电器、器皿随意摆放的情况。

6.2.3　调研汇报及设计工作坊

1. 调研汇报

本次调研工作完成后，我们将调研结论以 PPT 的形式向惠而浦公司作了汇报，以下是我们汇报的部分页面（图 6-4）。

本次调研获得了众多与厨房相关的信息，其中主要几条对厨房设计有积极的意义：

1）从本次调研的结果来看，多数家庭存在厨房清理麻烦的问题，研发设计易于清理的厨房定能获得用户青睐。

2）大多数家庭均有反映厨房存在安全隐患问题，设计安全型厨房是厨房设计的一大核心命题。

3）调研发现用户对厨房产品的使用存在一些问题，比如冰箱内食物的存放、消毒柜的用途、微波炉的使用习惯等，如何设计真正符合用户切身需求的厨房电器产品，需要重新进行产品定位。

4）调研发现 2 口、3 口、4 口之家甚至三代同堂的家庭的厨房格局基本雷同，设计程式化；调研同时发现青年、中年和老年用户群所使用的厨房同样没有明显区别，但各个年龄层的人群对厨房的使用定位不尽相同，因而设计出与使用人群特征对应的、符合各个阶层审美需求的、多样化风格的厨房是一个有重大意义的课题。

5）调研问及用户对未来厨房的畅想时，答案种类很多，但都没有积极的建设性意见，这显示出用户是产品的被动接受者，说明厨房设计不能停留在发现问题、解决问题这个层面，需要研发者具有创新思想，融合科技与人文，探寻多种可能性，颠覆传统意义的厨房，创造全新的厨房设计。同时，厨房对于家庭来说只是烹饪做饭的场所，能否赋予厨房更多意义值得探讨。

个人信息	姓名	年龄层	住址	收入	职业
	张先生	33 岁 / 青年	温州市区	50 万 ~ 70 万元 / 年	自营小企业

厨房环境	
厨房电器	

| 厨房电器 |  |
| 客厅 | |

图表 1 温州张先生家入户调研情况

个人信息	姓名	年龄层	住址	收入	职业
	谢女士	42 岁 / 中年	杭州市区	15 万元 / 年	公司职员

厨房环境	
厨房电器	

| 厨房电器 | 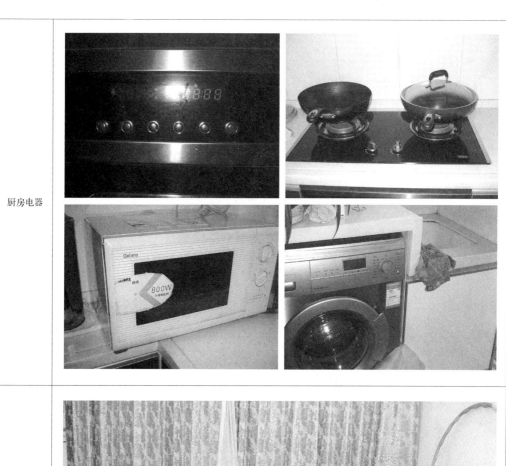 |
| 客厅 |  |

图表 2　杭州谢女士家入户调研情况

个人信息	姓名	年龄层	住址	收入	职业
	金先生	56 岁 / 中年	嘉兴市郊	3 万元 / 年	退休

厨房环境

厨房电器

厨房电器	
客厅	

图表 3　嘉兴金先生家入户调研情况

202

1. The field of the survey

The proportion of age distribution of the surveyed households

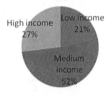

The proportion of income distribution of the surveyed households

The proportion of area distribution of surveyed households

1.The survey regarding the kitchen information

kitchen user

Kitchen user	Wife	Husband	Wife and husband	Nanny	Parent
The number of household	58	4	28	5	7

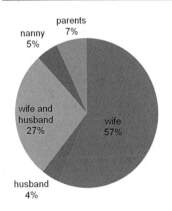

According to the survey results, wife accounts for the largest portion of the kitchen users and husband accounts for the smallest portion. This may be related to the traditional conception that "women's position is in the kitchen", and as a result, women tend to be good at cooking and men tend to be poor in it. And exact reasons need to be found out by further investigation.

图 6-4 汇报的部分页面（一）

2.The survey regarding the way of kitchen use
The location of entertaining guests

Intention of dining	Dining at home	Dining out	Depending on specific situation
The number of household	50	44	3

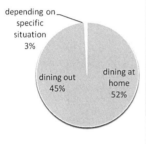

depending on specific situation 3%

dining out 45%

dining at home 52%

Dining at home	Dining out
It is hygienic and clean at home.	It is convenient and saves hosts the labor of doing cooking and washing dishes.
It has a good atmosphere of dining and can convey sincerity.	The dishes have better tastes.
It is convenient and economical.	Hosts do not have enough time to prepare food.
Hosts liking cooking at home.	It is crowded at home and there is not enough room for many guests.

2.The survey regarding the way of kitchen use
Safety loophole in kitchen

Safety loophole	slippery floor easily leading to slipping	Dampness leading to leakage of electricity	Cutter edged tools easily wounding people	Explosion of aging appliances or leakage of gas	Fire caused while cooking	others
The number of household	32	17	19	47	30	1

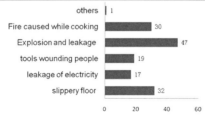

others 1
Fire caused while cooking 30
Explosion and leakage 47
tools wounding people 19
leakage of electricity 17
slippery floor 32

0   20   40   60

According to the survey, such safety loopholes as aging appliances or leakage of gas, slippery floor and fire caused while cooking are high in proportion. And corresponding measures should be figured out to prevent safety accidents from happening.

图 6-4　汇报的部分页面（二）

3.the survey regarding kitchen appliance
Kitchen ventilator/ cooker/ disinfector

The situation and usage of the possession of disinfector

Possession of disinfector	Yes	no
The number of household	60	35

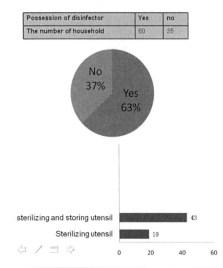

According to the survey, more than half of the households have disinfector. Even though disinfector is considered to be one of three necessary kitchen facilities, nearly 40% of the households have no disinfectors. And reasons need to be found out by further research.

According to the survey, the households possessing disinfector use it for sterilizing utensils and storing them.

3.the survey regarding kitchen appliance
Fridge

The arrangement of food in fridge

Arrangement of food	orderly and reasonable arrangement of various food	orderly arrangement of food on the whole and occasional disorder of arrangement	irregular and casual arrangement of food	no particular attention paid to arrangement of food and just stuffing food in fridge
The number of household	25	42	23	10

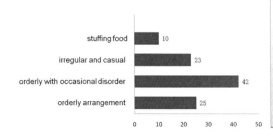

According to the survey, only a small number of households can arrange their food in fridge in orderly and reasonable way, and most households can not achieve orderly arrangement of food, which may be related to their habits. Further research can be conducted to find out the trouble irregular arrangement of food may cause to their life.

图 6-4　汇报的部分页面（三）

2. 设计工作坊

根据调研报告，我们组织了中国家庭厨房设计工作坊，本次设计工作坊结合调研成果，围绕中国式家庭厨房而展开，做了一系列中国厨房设计方案，这些设计成果获得了惠而浦公司研发中心的一致好评（图 6-5、图 6-6）。

本次设计工作坊成果颇丰，但由于受到商业机密的约束，下面仅提供部分设计方案供参考。

A 组：

该组从调研中发现，很多家庭厨房凌乱，影响整洁。该设计以具有传统风格的屏风隔断来屏蔽厨房的凌乱，给厨房带来整洁度和整体感（图 6-7）。

B 组：

该组以中国传统镂窗形与现代感的破冰纹的结合作为设计元素，整体厨房能够折叠以保持厨房外观的整洁性，独具科技感的厨房产品也是本方案的亮点（图 6-8）。

C 组：

该组重点探讨了厨房器皿等烹饪物件的收纳管理。设计采用柜体的结构，使得物件分格存放，便于管理，同时柜体也考虑摒弃现今厨房的单一色系设计，带给人视觉温暖（图 6-9）。

D 组：

该组整体厨房通过一些巧妙的结构设计，解决了小物件零散堆放的问题，也提供了便捷的操作环境（图 6-10）。

图 6-5　惠而浦亚太设计总监在指导工作坊

图 6-6　设计工作坊成果汇报

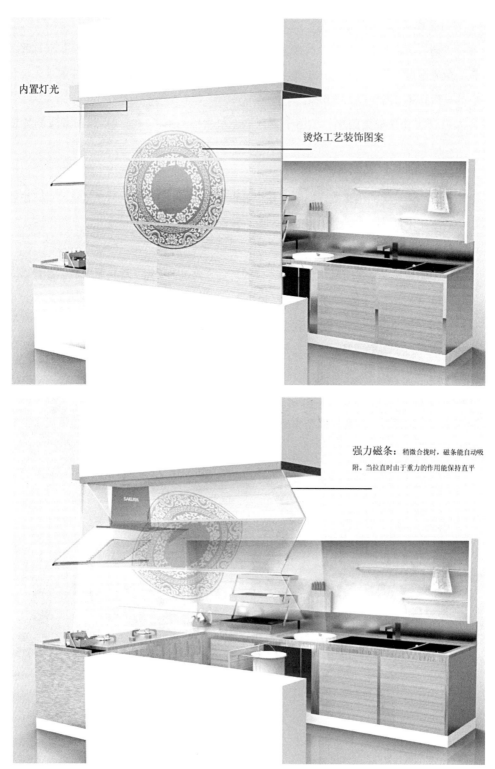

内置灯光

烫烙工艺装饰图案

强力磁条：稍微合拢时，磁条能自动吸
附。当拉直时由于重力的作用能保持直平

图 6-7 A 组方案

图 6-8　B 组方案（一）

208

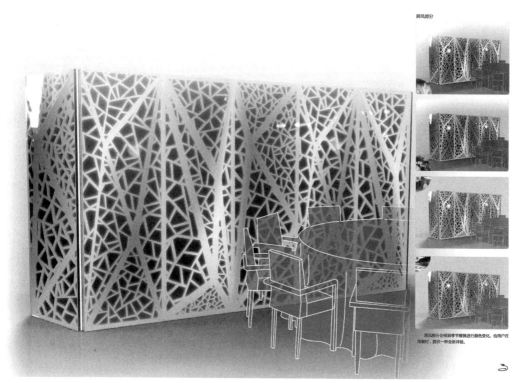

图 6-8　B 组方案（二）

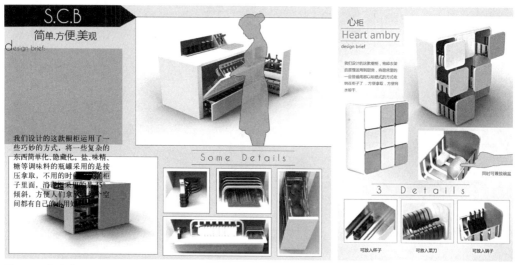

图 6-9　C 组方案

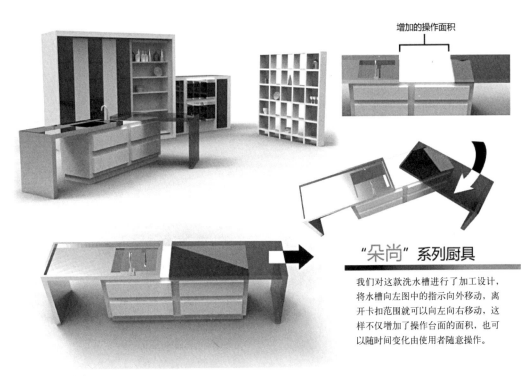

图 6-10　D 组方案

E 组：

该组整体厨房设计拓展了厨房的功能，在传统以烹饪为主的功能基础上结合了娱乐功能，很好地将一家人的烹饪时间和娱乐时间融合在一起，让厨房变成了一个充满爱、充满笑声与欢乐的地方（图 6-11）。

F 组：

该组厨房设计充分考虑了现代人的生活状况，在居住空间有限的前提下，将衣柜的概念整合到厨房设计里，使厨房不再作为一个独立的区域，而是融入到我们的生活空间中，在省去厨房占用的大量空间的同时让我们有了更多自由的生活空间，所以这个设计不仅是一个橱柜，同时也是一个家具，它是我们生活不可分割的一部分（图 6-12）。

图 6-11　E 组方案

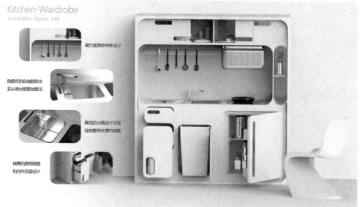

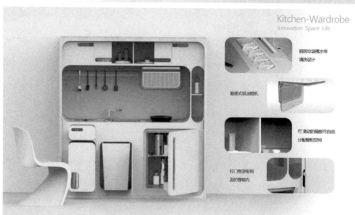

图 6-12　F 组方案

参考文献

[1] 胡飞．聚焦用户：UCD 观念与实务 [M]．北京：中国建筑工业出版社，2009．

[2] 王明旨．产品设计 [M]．杭州：中国美术学院出版社，1999．

[3] 许喜华．工业设计概论 [M]．北京：北京理工大学出版社，2008．

[4] 左铁峰．产品设计进阶 [M]．北京：海洋出版社，2008．

[5] 徐磊青．人体工程学与环境行为学 [M]．北京：中国建筑工业出版社，2006．

[6] 刘佳．工业产品设计与人类学 [M]．北京：中国轻工业出版社，2007．

[7] 罗仕鉴，朱上上，孙守迁．人机界面设计 [M]．北京：机械工业出版社，2007．

[8] 周苏，左伍衡等．人机界面设计 [M]．北京：科学出版社，2007．

[9] 李世国．体验与挑战——产品交互设计 [M]．北京：凤凰出版传媒集团，江苏美术出版社，2008．

[10] Matt Jones，Gary Marsden．移动设备交互设计 [M]．奚丹译．北京：电子工业出版社，2008．

[11] Jakob Nielsen．可用性工程 [M]．刘正捷等译．北京：机械工业出版社，2004．

[12] 唐纳德·A·诺曼．设计心理学 [M]．梅琼译．北京：中信出版社，2003．

[13] 唐纳德·A·诺曼．情感化设计 [M]．付秋芳，程进三译．北京：电子工业出版社，2005．

[14] 香港设计中心．设计的精神 [M]．沈阳：辽宁科学技术出版社，2008．

[15] 斯丹法诺·马扎诺．飞利浦设计思想：设计创造价值 [M]．蔡军，宋煜，徐海生译．北京：北京理工大学出版社，2002．

[16] 克里斯蒂娜·古德里奇等．设计的秘密：产品设计 2 [M]．刘爽译．北京：中国青年出版社，2007．

[17] 劳拉·斯莱克．什么是产品设计 [M]．刘爽译．北京：中国青年出版社，2008．

[18] 加洛蒂．认知心理学 [M]．吴国宏译．西安：陕西师范大学出版社，2005．

[19] 利昂·G·希夫曼，莱斯利·L·卡纽克．消费者行为学 [M]．江林译．北京：中国人民大学出版社，2007．

[20] 霍金斯．消费者行为学 [M]．符国群等译．北京：机械工业出版社，2007．

[21] 李彬彬．设计心理学 [M]．北京：中国轻工业出版社，2001．

[22] 曹仲文．厨房器具与设备 [M]．南京：东南大学出版社，2007．

[23] 向怡．就这么简单——Web 开发中的可用性和用户体验 [M]．北京：清华大学出版社，2008．

[24] 李乐山．工业设计思想基础 [M]．北京：中国建筑工业出版社，2007．

[25] Alan Cooper, Robert Reimann, David Cronin. About Face 3 交互设计精髓 [M]. 刘松涛译. 北京：电子工业出版社，2008.

[26] Steve Mulder. 赢在用户 Web 人物角色创建和应用实践指 [M]. 范晓燕译. 北京：机械工业出版社，2007.

[27] 董建明，傅利民，饶培伦等. 人机交互：以用户为中心的设计和评估 [M]. 北京：清华大学出版社，2010.

[28] 胡飞. 洞悉用户：用户研究方法与应用 [M]. 北京：中国建筑工业出版社，2010.

[29] Mike Kuniavsky. 用户体验面面观 [M]. 汤海译. 北京：清华大学出版社，2010.

[30] 卢艺舟，华梅立. 工业设计方法 [M]. 北京：高等教育出版社，2010.

[31] Jesse James Garrett. 用户体验要素：以用户为中心的产品设计 [M]. 范晓燕译. 北京：机械工业出版社，2011.

[32] 陈向明. 质的研究方法与社会科学研究 [M]. 北京：教育科学出版社，2006.

[33] 余德彰. 剧本导引：资讯时代产品与服务设计新法 [M]. 田园城市，2001.

[34] （美）Tom Kelley. IDEA 物语 [M]. 大徐锋志译. 大块文化出版股份有限公司，2002.

[35] 张祖耀. 简而不陋，速而达之——浅析快速原型在产品设计教学中的应用 [J]. 装饰，2011，5.